르네상스의
두 사람

근대 과학의 문을 연
다빈치와 갈릴레이를 찾아 떠난
이탈리아

LEONARDO DA VINCI

르네상스의
두사람

박은정 지음

GALILEO GALILEI

플루토

르네상스를 이야기할 때 두 사람의 궤적이 100년의 간격을 두고 이탈리아를 배경으로 겹치는 건 단순한 우연은 아닌 것 같다. 밀라노의 다빈치, 베네치아의 갈릴레이 모두 인생의 책을 만나고, 지적 호기심을 불러일으키는 다양한 경험을 하고, 많은 사람과 만나 이야기를 나누며, 자신의 관찰과 생각을 기록으로 남겨두었다. 그들이 남긴 과학자 노트는 오늘날에도 연구되는 중요한 자료다. 특히 두 사람의 예술적 소양이 과학적 탐구와 만났을 때 사고의 시각화는 극대화되고, 개념의 구조는 더 견고해졌다. 이 책을 통해 단편적으로 알고 있던 두 사람의 업적을 그 당시 시대 상황과 사고의 흐름을 따라가며 친절하게 안내받을 수 있을 뿐만 아니라 남겨진 발자취를 따라 걸으며 위대한 과학자의 인간적인 면모도 만날 수 있다.

인류의 발걸음이 우주로 나아가고 AI가 새로운 르네상스를 이끌어갈 것처럼 보이는 요즘, 역사 속 두 거장의 이야기가, 인간이 미래를 준비하려면 편협한 사고방식에서 벗어나 창의·융합적 사고로 새롭게 문제를 해결해내는 게 자연스러운 이치라고 재확인해주는 것 같다. 과학사와 여행 안내서가 접목된 아주 특별한 인문학 서적이라, 이탈리아 여행을 계획하는 사람이든, 과학에 관심을 갖는 사람이든, 가벼운 독서를 원하며 이 책을 집어 든 그대든, 이것이 인생의 책이 될 수도 있겠다.

▪ **고은경** | 내셔널 루이스 대학교National Louis University 교육학과 교수

어두웠던 중세를 뒤로하고 서양 문명이 근대의 화려한 모습으로 도약할 수 있도록 탄탄한 발판이 되어준 르네상스 시대. 이탈리아 피렌체에서 시작되어 문명의 모든 영역에서 휴머니즘을 싹틔운 그 놀라운 용트림의 한가운데에는 15세기의 다빈치와 16세기의 갈릴레이라는 두 거장이 우뚝 서 있었다. 다양한 영역에서 재능과 두각을 드러냈던 두 진정한 르네상스적 인간Renaissance man의 발자취를 되짚어보면서 이 책을 읽다 보니, 마치 타임머신

을 타고 르네상스 200년 역사 속을 훅 지나온 느낌이다. 지금 당장이라도 이 책을 나침반 삼아 두 거장이 풍미했던 피렌체, 밀라노, 베네치아, 로마를 거쳐 돌아오는 긴 이탈리아 여행을 떠나고 싶은 강한 충동을 느낀다.

▪ **박동곤** | 숙명여자대학교 화학과 교수

레오나르도 다빈치 하면 〈모나리자〉와 〈최후의 만찬〉이 떠오르고, 갈릴레이 하면 지동설이 떠오른다. 〈모나리자〉와 지동설이 너무나 강렬하게 머리에 박혀서 더 이상 관심을 가질 필요가 없어 보였다. 화가로서의 다빈치를 넘어 과학자로서의 다빈치는 일반인들에게 생소할지도 모르겠다. 저자는 과학자의 삶과 이론을 과학사의 측면에서 바라보면, 과학적 지식은 평면에 새긴 글이 아니라 공간을 채우고 오감으로 인지하는 체험이 된다고 말한다. 또한 과학 이론이 생겨난 사회, 문화, 역사와 그 속에서 치열하게 살았던 과학자 개인의 생애가 입체적 내러티브로 전달되면, 과학을 더욱 흥미롭게 바라볼 수 있게 되고, 이렇게 얻은 과학 현상과 정보는 단순한 지식을 넘어 인문사회학적 소통의 창구가 된다고 말한다. '과학이 삶의 일부가 되는, 과학적 소양을 갖춘 인재'를 기르고 싶은 현장 교사와 장차 과학자를 꿈꾸는 학생들, 그리고 자녀가 과학자의 길을 걷기를 소망하는 학부모들에게 이 책을 추천하고 싶다.

▪ **송기창** | 숙명여자대학교 교육학부 명예교수

두 사람의 삶이 이야기하는
과학의 시작

오래된 서적이 잔뜩 있다는 이스탄불 대학 근처의 고서점가로 향하며 무척 설렜다. 마치 다빈치의 코덱스 같은 보물을 찾을 것 같은 기대 때문이었을 것이다. 그러나 아기자기했던 헌책방 거리는 금세 끝이 보이는 작은 규모였고 책의 종류도 다양하지 않아 실망이 컸다. 문화, 지식, 과학 혁명의 견인차가 되었던 책의 보급과 인쇄술의 발견에 관심이 많기도 했지만, 아랍 국가에 간직되어 있던 그리스의 고전이 이스탄불, 즉 콘스탄티노플의 세력이 약화되었을 때 베네치아나 시칠리아 혹은 톨레도 같은 도시를 통해 유럽에 전파되었다는 사실이 흥미로웠기 때문이다.

이 오래된 도시의 관광지에서 아랍 문명권이 지켜왔던 수학, 천문학과 고전의 흔적을 찾기란 쉽지 않았다. 하지만 아쉬운 마음은 이스티클랄 거리 istiklâl Caddesi의 작은 책방과 길 끝에 있는 탑에서 충분히 위로받았다. 현대의 마천루에 비하면 시시한 높이지만, 이곳에 오르면 보스포루스 해협과 금각만을 연결하는 긴 다리는 물론이고, 구도심의 유명한 사원도 멀찍이 볼 수 있다.

지금은 다리보다 다리 양 끝에서 파는 고등어 케밥이 더 유명한 관광 상품이 되었지만, 그 역사를 되짚어가면 황금빛으로 물든 바다를 연결할 뻔했던 레오나르도 다빈치의 설계도와 마주할 수 있다. 더구나 다빈치가 세상을 떠난 지 100여 년이 지난 1638년, 이 탑에서 오스만제국의 다빈치였던 박식가 셸라비Hezârfen Ahmed Çelebi가 무동력 비행기로 해협을 건넜다는 정보는 피렌체에서 머지않은 체체리 산에서 시도되었던 인류 최초의 비행을 떠올리게 해주었다.

갈라타 다리를 건너는 인파와 차량을 보며, 다빈치의 설계가 받아들여졌다면 이 요충지가 얼마나 더 유명해졌을까 생각했던 것이 벌써 9년 전이다. 관심 분야일 뿐 아니라 수업에 필요한 과학사 자료를 준비한다는 마음으로 여름방학을 이용해 짬짬이 과학사 탐방을 진행했다. 덕분에 자료를 들여다보는 첫 과정부터 인물의 삶과 시대를 간접적으로 경험하는 현장 체험, 여행에서 돌아와 더 많은 자료를 붙들고 글을 쓰는 일까지, 이젠 반복되는 일상이 되었다. 아르키메데스의 시라쿠사에서 브라헤의 벤Ven, 코페르니쿠스를 찾아간 프롬보르크Frombork, 갈릴레이와 다빈치의 피렌체 등 유럽의 크고 작은 도시를 부지런히 다녔다. 물론 목록에만 넣어두고 못 간 곳이나 사진 자료로 남기지 못한 곳도 많지만, 천문대, 박물관, 과학관, 생가, 무덤 등 직접 가서 보고 얻은 자료가 제법 쌓였다. 어떻게 이야기를 전개할지 고민하며 키워드와 주제를 나누고 나니, 글도 산더미처럼 늘었고 독서의 폭도 넓어졌다.

분야를 막론하고 가장 호기심을 자극하는 다빈치와 과학 혁명의 선두주자인 갈릴레이는 각각 책 한 권은 족히 쓸 만큼 이야깃거리가 많은 매력적인 인물이다. 하지만 읽어낸 책이 쌓이고 생각이 깊어지니, 유명한 일화에 가려 오히려 두 사람을 제대로 못 본 것은 아닌가 싶었다. 르네상스를 화두로 다빈치와 갈릴레이를 들여다보면 100여 년의 시차가 둘의 삶을 어떻게 나누는지 극명히 알 수 있다. 《코스모스》에서 칼 세이건이 지적한 것처럼, 다빈치의 노력 여부와 상관없이 15세기 인류가 받아들여야 하는 태생적 한계를 인정할 수밖에 없다. 과학 혁명의 서막을 갈릴레이가 장식했다는 과학사를 놓고 보면, 쿤이 말한 "창조적인 연계"는 르네상스의 결실이라 말할 수 있을 것이다. 그러니 15세기의 천재 다빈치가 결핍의 시대를 채우느라 고군분투한 반면, 17세기의 갈릴레이는 잘 갖춰진 환경에서 천재적 재능을 발휘하며 과학 발전에 앞장설 수 있었다. 15~16세기 르네상스의 결실 중 하나가 17세기에 도래하는 근대 과학의 탄생이라면, 두 사람의 삶을 비교하며 무엇이 혁명의 기폭제인지 들여다보는 것도 의미가 있다.

현장으로 가기 전에 평전을 여러 권 읽으며 그들의 생애를 그려보고 돌아볼 장소를 메모했고, 글을 쓰면서는 역사와 시대를 함께 들여다보는 독서에 몰입했다. 갈릴레이는 출생에서 죽음까지 이탈리아에만 머물렀고 과학자로만 여겨도 되지만, 다빈치는 다양한 시각으로 해석해야 했다. 두 천재가 마음껏 생각하고 기량을 펼칠 수 있었던 풍토와 각기 다른 방식으로 이들을 키워준 도시의 다양성은 현장에서만 확인할 수 있는 흥미로운 정보였다.

갈릴레이가 아픈 몸을 이끌고 다녀왔던 로레토가 얼마나 먼 곳인지, 베네치아 번영의 상징인 아르세넬레와 메르체리아 거리가 어떠한 분위기를 담고 있는지, 다빈치가 새와 자연을 관찰하던 작은 동네가 얼마나 적막한지, 도서관과 대학 도시인 파비아와 파도바가 다빈치와 갈릴레이의 지적 성장에 끼친 영향은 무엇인지 등, 현장에서야 가능할 수 있는 정보가 많았다. 갈릴레이가 마지막 생을 보냈던 집에서 가장 가까운 아르체트리 언덕의 호텔에 머물며 천문대와 일 조이엘로 저택, 수녀원을 걸어 다녔더니, 갈릴레이가 도심보다 토스카나 외곽 지역을 편하게 여긴 이유를 알 것 같았다. 갈릴레이의 집에서 그의 딸이 머물렀던 수녀원까지 걸어가며 아버지 갈릴레이는 어떤 사람이었는지, 또 어린 딸들이 평생을 보낸 작은 우주가 어떤 곳이었는지 곱씹어보았다.

갈릴레이를 존경하는 후대의 과학자들은 목성 궤도에 진입하는 최초의 탐사선을 '갈릴레오'라고 이름 붙였고, 시드 마이어^{Sidney K. Meier}는 〈하늘을 나는 꿈^{Sogno di Valare}〉을 자신의 게임 '문명 6^{Civilization}'의 주제곡으로 선택했다. 화려한 찬사보다는 고백 같은 과학자들의 표현이나 명명이 마음에 든다. 코덱스에 남겨진 다빈치의 글이 오케스트라의 악기로 연주되어 울려 퍼질 때 박수를 보내지 않을 수 없었다.

거대한 새가 태양을 향해 최초로 비상하니,

체체리 산을 넘어 경이와 영광으로 온 세상을 채우리라.

인간은 스스로 만든 창조물로 비상할 것이니,

새처럼, 저 하늘을 향해, 영광! 영광!

Prenderà il primo volo, Verso il sole il grande uccello

Sorvolando il grande monte Ceceri

Riempendo l'universo di stupore e gloria.

L'uomo verrà portato Dalla sua creazione

Come gli uccelli, verso il cielo, Gloria Gloria

피렌체

베키오 궁

피렌체 두오모

우피치 미술관

산타크로체 성당

갈릴레오 박물관

벨라스구아도르
언덕의 갈릴레이 집

갈릴레이 이론물리 연구소

아르체트리 천문대

산마테오 수녀원

아르체트리 언덕의
갈릴레이 집

피사

캄포산토
묘지

피사
두오모

산 지오반니 세례당

피사의 사탑

피사 대학교

갈릴레이 출생지

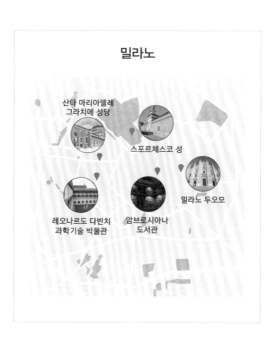

베네치아

무라노 섬

카 사그레도 호텔

리알토 다리

아르세넬레

아카데미아 미술관   산마르코 광장   산마르코 대성당, 종탑,
두칼레 궁전, 마르차나
국립 도서관

파도바

스크로베니 예배당

팔라초 보
(파도바 대학)

성 안토니오 대성당

파도바 천문대

프라토 델라 발레
(갈릴레이 동상)

파도바 식물원

6장 ◇ 르네상스의 거인들 199

7장 ◇ 르네상스의 기록과 과학 혁명 239

1장

디빈치와 갈릴레이, 두 사람이 초대한
르네상스의 이탈리아

미국 뉴멕시코주에 있는 로스알라모스는 사람들에겐 생소하지만 과학사에서는 주요한 도시 중 하나다. 나는 미국 남부에 잠시 머물렀을 때 뉴멕시코주로 여행을 자주 다녔다. 인기 관광지는 아니지만 산, 사막, 동굴 같은 자연 풍경이 특이하고, 교과서에서 보던 아도브^{adobe} 벽돌집이나 원주민 거주지인 푸에블로도 있다. 더구나 로스알라모스에는 유명한 국립연구소가 있어서 개인적으로는 추억이 많다.

훗날 중부로 이사하면서 다시 방문할 기회는 없었는데, 《아메리칸 프로메테우스》를 읽는 동안 그곳의 기억이 되살아났다. 맨해튼 프로젝트와 원자폭탄이라는 단편적인 지식만 가지고 로스알라모스 연구소를 방문했는데, 큰 규모와 현대화된 시설에 감탄했고 황량한 풍광 끝에 이런 연구소가 있다는 사실에 꽤 놀랐다.

하지만 카이 버드^{Kai Bird}와 마틴 셔윈^{Martin Sherwin}이 25년의 세월을 들여 자료를 수집하고 정리한 책에서 마주한 뉴멕시코는 개인적인 반가

움을 넘어 과학과 인류가 남긴 역사적 흔적과 과학자의 고뇌가 더해져 완전히 다른 공간으로 다가왔다.

프로젝트의 책임자였던 로버트 오펜하이머의 삶을 들여다보니 왜 로스알라모스가 이 연구의 주요 거점이 되었는지 비로소 이해되었고, 화이트샌드 인근의 앨러머고도가 원자폭탄 실험지인 트리니티^{Trinity} 사이트인 것도 이제는 똑똑히 보인다. 화이트샌드로 가는 길목 여기 저기서 '원자폭탄 구름'과 '트리니티'라고 쓰인 표지판을 본 기억이 생생한데, 왜 그때는 가볼 생각을 못 했을까? 역사공원이나 박물관은 최근에 설립되었지만, 그 당시에도 유적지가 없었던 것은 아니었는데 말이다. 로즈웰^{Roswell}에 있는 UFO 박물관$^{International\ UFO\ Museum\ and\ Research\ Center}$에서 초라한 외계인 모형을 본 기억마저 생생한데, 버섯구름 팻말은 지나친 기억만 남았으니 아쉬움이 크다.

자료를 찾아보니 작은 시골 학교를 정비해 만들었다는 맨해튼 프로젝트의 초기 연구소와 과학자들의 숙소, 군사 기지 등은 로스알라모스에 그대로 보존되어 있다고 한다. 핵과 물리학을 테마로 하는 과학 박물관을 포함해 여러 전시관이 있고, 유적지나 박물관에서 제공하는 도슨트 말고도 체험 프로그램도 다양하다. 오펜하이머와 맨해튼 프로젝트에 대해 알고 교과 지식을 익혔다면, 20세기 이후로 세계의 지도를 바꿔버린 연구의 과학적 가치, 역사적 맥락, 그리고 그곳에 머물렀던 과학자들의 삶과 투쟁, 현재까지 이어지는 논란과 문제 등 다방면으로 생각을 넓힐 수 있었을 것이다.

물론 과학 이론, 즉 과학자의 업적과 개인의 삶은 등치되지 않는다. 과학자의 측면에서 보면, 사람이 아닌 이론이나 지식만 알아도 충분하다. 그러나 과학사의 맥락에서 과학자의 삶과 이론을 바라보면, 과학적 지식은 평면에 새긴 글이 아니라 공간을 채우고 오감으로 인지하는 체험이 된다. 과학 이론이 생겨난 사회, 문화, 역사를 비롯하여 그 속에서 치열하게 살아온 과학자 개인과 그의 생각이 입체적 내러티브로 전달되는 것이다. 이런 정보는 과학을 더욱 흥미롭게 바라볼 수 있게 해준다. 더 나아가 과학 현상과 정보는 단순한 지식을 넘어 인문 사회학적 소통의 창구가 된다.

물리학자이자 철학자였던 토마스 쿤은 과학사를 연구하고 나서야 과학의 기능과 구조를 통찰하는 새로운 시각을 키울 수 있었다고 말했고, 과학사학자였던 토마스 헨킨스는 과학 혁명이 인간 행위와 철학적 사고를 변화시켰다고 주장했다. 또 다른 물리학자 마틴 카플러스는 물리적 세상 혹은 우주를 이해하면 삶이 훨씬 풍요로워진다고 했으니, 과학적 소양을 강조하는 현대 사회에서 과학 지식은 몇몇 과학자만의 놀이가 아님은 분명하다. 그래서 교육학자 제롬 부르너는 경쟁이 아닌 가치 중심적 사회를 지향한다면, 과학을 논리적, 과학적 양식으로만 전달할 것이 아니라 사람, 존재, 관계 등을 사실과 상상의 시선을 바탕으로 조합한 내러티브 혹은 내러티브적 사고로 접근할 필요가 있다고 강조한 것이다.

돌이켜 보면, 학문으로서 과학을 연구하던 때의 나는 실험의 설계나 방법, 결과는 중요했지만, 과학의 역사, 문화, 윤리나 가치, 과학자의 삶은 크게 고민하지 않았다. 좀 더 일찍 다양한 자료를 접했더라면 지금도 뉴멕시코주와 과학 이야기를 더 풍부하게 전할 수 있지 않았을까? 그 당시에는 실험 결과에 집중하느라 여유가 없었거나 그다지 궁금하지 않았던 것 같다. 실험실에서 벗어난 지금, 과학 관련 책이 더 소중하고 잘 읽힌다. 뿐만 아니라 자료를 수집하며 순례지 가듯 현장을 찾으면 교실 밖의 비형식적 교육이 얼마나 중요한지 깨닫곤 한다. 이렇게 수집하고 익힌 정보와 자료를 잘 소화해서 의미 있는 내러티브를 만들어보려 글을 쓰기 시작했다.

입시에 과몰입된 우리의 현실 때문에 기법적 과학 지식technical knowledge만 강조하지만, 현장은 실제적 지식practical knowledge을 조화롭게 갖추길 바란다. 변화라는 과제를 학교에만 지울 것이 아니라, 과학이 삶의 일부가 되어 누구나 과학적 소양을 갖출 수 있도록 여러 전문가의 노력이 필요한 때가 아닌가 싶다. 이러한 관심과 노력이 실제적 지식을 두텁게 하는 데 보탬이 되길 바란다.

근대 과학의 출발점, 르네상스

과학이 언제 시작되었는지 명확히 밝히는 일은 과학을 정의하는 것만큼 어렵지만, 일반적으로 과학사의 첫 장은 우주와 자연 그리고 사물과 인간을 바라보는 고대의 다양한 시선으로 시작한다. 물론 여러 문명지에서 고유의 사상이 발생했지만, 과학의 근간이 되는 자연철학만 살펴보면 이집트와 메소포타미아 문명까지 흡수했던 고대 그리스의 철학적 사고가 근대 과학의 토대와 양분임을 부인할 수 없다. 탈레스, 아리스토텔레스, 아낙사고라스, 데모크리토스, 아르키메데스, 피타고라스 등 오늘날에도 언급되는 많은 학자가 기원전 그리스와 로마를 무대로 다양한 활동을 펼쳤다.

하지만 이토록 다채롭던 사고는 꽃피우지 못한 채 사라지거나 그리스 문명과 함께 변방으로 밀려났다. 당시의 사상은 철학적 사고의 수준에서 더 나아가지 못했는데, 다행히도 세력을 확장하던 아랍 문명권에서 명맥을 유지하면서 부분적이나마 발전할 수 있었다. 수학, 광학, 의학, 천문학이 발달했던 아랍 국가는 실용적인 자연철학과 수학을 중시했고, 전해오는 고대의 서적을 적극적으로 수집하고 번역해서 소중히 관리했다. 그래서 한때 이슬람 세력권에 속했던 시칠리아나 에스파냐는 이런 서적을 이탈리아나 다른 유럽으로 전달하는 통로가 되었다. 아랍 문화권에 남아 있던 고대 사상은 현대 교과서의 과학적 지식이나 이론의 수준에는 턱없이 부족하지만, 중세인들의 호기심과 자유의지를 자극한 기폭제로 작용한 것은 분명하다. 고전을 라틴어로 번역한 필사본은 호기심 많은 학자와 세력가에게는 소중한 보물이었고, 훗날 발명된 인쇄술 덕분에 여러 도시와 국가로 퍼지면서 지적 자양분이 되었다.

르네상스는 유럽인의 기억 속에 화양연화로 박제된 고대 그리스 정신이 다시금 부흥한 것이다. 그리스의 재생 혹은 재탄생이란 의미의 르네상스는 특정 시기라기보다는 새 시대를 창출하는 동력으로, 12~16세기에 여러 분야에서 진행된 개혁적 변화 혹은 변화를 지향한 운동을 지칭한다. 인문을 부흥시킨 사상 혁명에서 종교와 문화 혁명을 거쳐 과학 혁명에 이르기까지, 그 스펙트럼이 넓고 다채롭다.

일반적으로 14~16세기에 집중된 인문과 예술의 부흥을 많이 거론하지만, 고대의 자연철학 저서를 재발견하는 지적 각성에서 과학 혁명을 거쳐 근대의 탄생까지, 르네상스에는 과학사적 맥락에서 흥미로운 요소가 굉장히 많다. 1687년 뉴턴의 《프린키피아》가 나오기 전까지 2,000여 년에 비해, 이후 500년의 과학사는 상당히 다른 양상으로 발전했다. 이 급진적 변화가 시작되는 과학 혁명기에 관심이 집중될 수밖에 없고 이 지점에서 발생한 변화에 대한 다양한 해석이 과학사나 철학의 주요 화두가 되었다. 그렇다면 도대체 뉴턴 이전에 무슨

일이 있었기에 이런 변화가 시작된 것일까? 어떻게 오래 침묵하던 지적 잠복기가 깨지고 근대 과학이 탄생한 것일까?

근대 과학이 탄생한 배경을 이해하려면 르네상스라는 거대한 흐름을 거론해야 한다. 이성과 자연, 우주에 대한 호기심으로 가득했던 당시 학자들은 아리스토텔레스의 자연론을 믿었다. 이는 인문 부흥의 시발점이자 중세를 끝맺은 대표적인 이론이었다. 자연철학이 근대 과학으로 진화하는 과정은 지난했지만, 르네상스의 합리적 사유와 실용적 가치 덕에 수학과 실험을 중시하는 풍토가 형성됐다. 아이러니하게도, 이를 동력으로 삼아 르네상스의 시작이었던 그리스 자연철학의 한계를 발견하고 아리스토텔레스를 대체할 이론과 학자가 등장했던 것이다. 이 혁명적 변화의 동력이 전적으로 르네상스의 힘이었는지, 아니면 굽이굽이 해결책을 제공하며 변화를 견인한 뛰어난 천재 개개인의 능력이었는지는 생각해볼 여지가 많다.

100여 년의 시차를 두고 르네상스의 상징이 된 두 자연철학자, 레오나르도 다빈치와 갈릴레오 갈릴레이의 삶을 들여다보며, 두 사람의 매력과 업적, 그들을 키워낸 토양과 시대정신, 그리고 새로운 탄생을 준비하던 과학에 대해 이야기해볼 참이다. 물론 이 시기에 천재성을 발휘한 과학자나 수학자가 두 사람뿐인 것은 아니다. 그럴 만한 재능과 소양이 있었다면 그 누구라도 다빈치나 갈릴레이가 될 수 있을 만큼 자양분이 풍부한 시기였기 때문이다. 하지만 세상의 패러다임을 바꾸는 데 기여한 그들의 삶은 새로운 과학의 시작과 발전 과정을 살펴볼 때 충분히 참고할 만하다.

과학사적 맥락에서 되짚어보는 르네상스

르네상스가 일순간에 일어난 사건이 아니듯 과학의 발전 양상도 지역, 시기, 인물에 따라 달랐다. 근대 과학 발전에 직간접적으로 영향을 미친 주요 요소를 꼽아보면 르네상스와 그 당시 과학자의 역할을 더 잘 이해할 수 있다.

자연과학 분야에서 진행된 초기의 변화는 고전을 읽은 학자들이 지적으로 자각하면서 시작되었다. 책의 중요성을 깨달은 지식인들은 함께 모여 번역하고 연구하는 학문 공동체를 만들었고, 이는 큰 흐름을 이루며 도서관과 대학 문화의 토대가 되었다. 이때 생겨난 배움 공동체가 지금의 볼로냐, 파도바, 옥스퍼드, 파리의 명문 대학들이다. 다만 지적 탐구 활동은 성직자를 포함한 지배계층에 한정되어 있어서, 라틴어를 읽고 수학, 논리, 수사학을 이해할 만큼 일정한 지적 수준을 갖추어야만 연구 활동에 참여할 수 있었다. 그래서 학자들의 자연철학은 이론에 치우쳤다.

게다가 학문이 교회의 기준에서 크게 벗어나지 않아야 했다. 중세의 주요 교육기관이었던 교회는 아리스토텔레스의 논리와 프톨레마이오스 우주를 선택적으로 수용한 논리 체계를 학자와 시민에게 주입하려 애썼다. 당시 교회는 이상적인 천상(신)의 세계와 현실적인 물질(인간)의 세계로 이분화된 아리스토텔레스의 세계관과 지구를 중앙에 두고 공전하는 행성의 질서를 수학적으로 창조한 프톨레마이오스의 우주가 기독교적 세계관에 어울린다고 판단했던 것이다.

반면 대학은 비교적 자유로워서, 학자들은 플라톤, 아리스토텔레스에만 머물지 않고 유클리드, 아르키메데스, 피타고라스, 루크레티우스 등으로 관심을 넓혀갔다. 필수 교과였던 종교와 법 말고도 수사학,

변증법, 문법, 수학, 기하학, 천문학, 의학 등으로 교과를 확대한 것만 봐도, 학자들이 무엇에 관심을 가졌는지 알 수 있다.

흥미로운 점은 상인과 장인 계층에서 실용적 목적으로 도입한 아랍권의 수학이 발전하여 훗날 천문학, 지리학과 자연철학(역학)의 도구가 되었다는 사실이다. 그렇다고 해서 장인이나 상인이 사용하는 산술 계산을 대학의 엘리트 계층에서 선뜻 적용하지는 않았다. 그래서 과학의 문제를 여전히 유클리드나 아르키메데스의 기하학으로 해결해야 하는 번거로움이 있었다. 하지만 수학 체계가 발전하면서 과학에도 지각변동을 일으켰고, 그렇게 업그레이드된 과학은 다시 수학을 자극하며 유클리드를 넘어섰다. 이처럼 수학과 과학이 서로 영향을 주고받으며 도구가 준비되자 이를 적재적소에 써서 최적의 답을 구할 천재가 등장했다. 즉, 근대의 태동기에 수학적 도구를 잘 썼던 자연철학자가 갈릴레이, 케플러, 데카르트였고, 이들의 노력이 뉴턴에 이르러 결실을 맺었다는 말이다.

또 하나 짚어볼 점은 막강한 자본력을 등에 업고 등장한 상인 혹은 시민 계층의 출현이다. 이들이 등장하면서 사회구조가 변화했다는 사실에 주목할 필요가 있다. 북부 이탈리아의 상인 집단(길드)이 복잡한 국제 징세를 이용해 해상권을 장악하고 무역과 금융에서 주노권을 차지하며 도시와 국가의 주요 세력으로 등장하자, 군주, 귀족, 성직자가 중심이던 중세의 지배 구조가 급격하게 재조정된 것이다.

시민 계급에 속했던 상인들은 성직자와 귀족처럼 지배층이 되려고 부단히 노력했다. 그 노력 중 하나가 거금을 쏟아부어 도시 재생 또는 재건 사업을 벌인 것이었다. 이런 투자는 자신과 가문, 길드의 위상을 드높이기 위한 노력의 일환이었다. 그들은 도시의 랜드마크를 세워 화려하게 치장하는 일에 많은 자금을 지원했을 뿐 아니라, 기존 엘리트 집단이 누리던 문화와 교양을 향유하기 위해 학자와 예술인을 적극적으로 후원하고 늘 옆에 두었다.

덕분에 피렌체, 밀라노, 베네치아 같은 큰 도시의 공방과 대학으로 세계적인 기술자와 학자가 몰려들었다. 물류와 사람의 이동이 활발해지면서 다양한 인종, 문화, 사상, 종교가 충돌하고 섞였고, 새로운 것을 상상하고 만들 수 있는 여건이 조성되었다.

또한 인쇄술이 발달하면서 고전 서적 외에도 학술 서적, 성경, 상업에 필요한 산술 서적, 건축 서적, 실용서 등 다양한 책이 유통되었다. 동판 기술이 발달하여 책에 그림이나 이미지 정보를 담을 수 있으면서, 책은 더욱 가치 있는 소장품이 된 것으로 보인다. 게다가 라틴어가 아닌 속어(모국어)로 쓰인 전문 서적이 출판되면서 더욱 쉽게 지식에 접할 수 있었을 뿐 아니라 지식의 유통이나 정보 교환이 빨라졌다. 어디에서건 자유롭게 탐구하고 토론하면서 인문, 예술, 학문 분야가 폭발적으로 성장했다.

기술이나 예술을 배우기 위해 공방에 모인 사람들 내부에서도 변화의 흐름이 불거졌다. 도제 생활을 하던 견습생과 장인 역시 후원자의 요구에 부응하기 위해 인문 사상이나 수학에 관심을 가졌다. 성경의 내용이 아닌 신화나 인간, 자연을 표현하기 위해 문헌을 읽고, 원근법을 활용하기 위해 수학을 배우고, 사실적으로 표현하려고 자연을 관찰하고, 해부 수업에 참여하고, 기구나 무기를 제작하기 위해 수학이나 과학 이론을 기록으로 남기는 장인이 나타났다. 물론 학문적 배경이 없이도 기계적인 기술을 잘 익혀 뛰어난 솜씨를 발휘한 장인도 많았지만, 수학이나 과학 이론을 이해하고 기술을 발전시킨 장인도 있

- 아리스토텔레스(왼쪽)와 프톨레마이오스(오른쪽). 중세 유럽은 아리스토텔레스의 논리와 프톨레마이오스의 우주를 수용한 논리 체계를 지지했다. 반면 사고가 자유로운 대학과 학자들, 상인과 장인 계층이 이러한 세계관을 벗어나기 시작하면서 르네상스의 여명이 시작됐다.

었다는 점은 눈여겨볼 필요가 있다.

이들은 종교나 권위에서 비교적 자유로웠기에 유명하거나 권위 있는 이론이 아니라 직접 관찰하고 실험한 경험을 바탕으로 판단하고 표현했다. 인간과 자연, 우주의 모습을 보고 경험한 대로 표현하고 기록했던 대표적 인물이 레오나르도 다빈치였다. 다빈치는 주산 학원에서 계산을 배운 것이 전부였고, 대부분의 지식은 공방과 현장에서 스스로 깨우쳐 얻었다. 이렇듯 근대 과학의 키워드가 된 '스피리엔차(경험)'의 중요성을 이해한 르네상스인이 등장하고 이런 의식이 도처에 퍼지며 시대정신이 되었다.

중세의 겨울이자 근대의 봄이라 하는 전환기에 앞에서 언급한 모든 요건이 서로 영향을 주고 융합하기 시작했다. 더 나아가 세분화되고 합리적으로 체계를 갖추면서 전문 영역을 구축해 근대로 발돋움했다. 예술은 단순한 기술이 아니었다. 과학은 인문, 철학과 구분되었고, 대학의 학자들은 종교와 학문을 분리해 사고하기 시작했다. 점성술에서 천문학이 구분되기 시작했고, 훗날 연금술에서 화학이, 마술에서 전자기학과 역학이 발전하며 과학사에 큰 변곡점이 되었다. 엘리트 학자들은 수학적 계산과 논리로 기존 우주 체계의 모순을 찾아 교정했고, 대학이나 아카데미 등의 학술회가 더욱 활성화되면서 전문 영역이 견고해졌다.

더구나 의학, 천문학을 포함한 자연과학에서는 실험으로 직접 관측하는 것이 논리나 권위에 기대어 진술하는 것보다 중요하다는 사고방식이 점차 자리 잡았다. 이 시기를 대표하는 과학자 갈릴레이는 대학을 나온 엘리트 학자였지만, 실용성과 경험의 중요성을 잘 알고 있었던 발명가이기도 했다. 길리스피에 따르면, 코페르니쿠스는 프톨레마이오스의 이론을 수학적으로 수정했지만 여전히 플라톤식의 기하학적 우주와 신비에 머물렀고, 케플러도 그 연장선상에 있었다.

그러나 갈릴레이는 수학적 우주와 물리학적 자연을 하나의 체계로 바라본 최초의 학자다. 감각으로 알아낸 물성은 걷어내고, 직접 측정하고 관측하고 실험해서 크기, 수, 운동, 형태 등의 본질적 실체를 수량으로 객관화한 것이다. 시간을 변수로 삼아 물체의 운동 거리를 측정하고, 현상은 수식으로 요약된 상관관계로 해석했다. 이전 학자들과 차별화된 사고와 방법을 사용하고 있었던 것이다. 그래서《새로운 두 과학》은 자연철학이 근대 과학으로 자리 잡는 과정을 보여준 최초의 역학서로 평가받는다.

이런 맥락에서 보면, 갈릴레이는 코페르니쿠스나 케플러 같은 이론 수학자와 궤를 같이하지만 르네상스인의 면모가 강하다는 점에서는 객관성과 경험을 강조한 다빈치에 더 가깝다.

다빈치와 갈릴레이, 르네상스 과학자

다빈치(1452~1519)와 갈릴레이(1564~1642)는 다른 시기에 살았지만, 장인과 학자로서 최고의 위치에 있었다. 자연철학자가 된 장인 다빈치와 장인의 면모가 넘치는 자연철학자 갈릴레이는 닮은 지점이 많다. 르네상스의 진앙지인 피렌체와 주변 도시에서 성장했고, 그림으로 사고하는 데 익숙하며, 아르키메데스와 유클리드에게 관심이 많은 발명가라는 공통점이 있다. 잘 알려져 있진 않지만, 갈릴레이는 다빈치처럼 악기를 잘 연주했고 노래와 그림에도 재능이 뛰어났으며 예술 비평이나 문학에도 관심이 많았다.

학자 갈릴레이가 실용적이고 경험적인 사고와 과학적 접근법으로 이탈리아 르네상스인다운 모습을 잘 보여준다면, 르네상스 과학자로 이야기되기도 하는 다빈치는 다양한 관점에서 평가받는다. 특히 다빈치를 과학자로 보지 않는 과학자들도 많은데, 어쩌면 다빈치는 유발 하라리의 표현처럼 그저 "보통교육을 받지 못한 장인"일 뿐이다. 그런데도 다빈치를 과학과 기술의 범주로 끌어들이는 이유는 무엇일까? 공방의 장인 중에 현상의 본질을 꿰뚫어 보려 한 선구자가 그뿐이었던 것은 아니지만, 아마도 건축과 예술의 범주를 넘어 과학자가 되는 길을 스스로 개척한 유일한 르네상스인이라서가 아닐까.

갈릴레이가 자신이 만든 기계와 장치로 실험하고 측정한 후 수식과 그래프로 현상을 이해했다면, 다빈치는 예술과 과학, 사물과 유기체 사이를 넘나들며 관련성을 파악한 후 그 원리를 적용하여 장치를 만들었다. 예를 들면 새를 열심히 관찰한 후 천사의 날개나 백조를 세밀하게 묘사한 그림을 그렸고, 나중에는 근육의 움직임이나 뼈대의 해부학적 구조, 바람의 작용까지 관찰하여 날개가 작동하는 원리를 추론해냈다. 그리고 한 단계 더 나아가 사람의 날개, 즉 비행체를 만들겠다는 생각으로 발전한다.

한편 다빈치의 사고는 한 가지 주제에 머무르지 않았다. 빛이나 색, 물, 화석, 인체, 우주, 음악, 군사 시설과 무기, 건축, 전염병과 도시 설계, 운하 등 너무도 다양한 분야에 관심을 가지고 관찰하고 추론했다. 그래서 그의 노트에 담긴 사고실험과 설계는 과학적으로 해석할 요소가 많다. 〈모나리자〉의 유명세 탓에 다빈치를 예술가로 분류하지만, 자연의 실체와 조작 원리를 파악하기 위해 경험의 중요성을 강조했던 과학적 방법과 세상을 보는 시선으로 판단하자면, 다소 부족한 점이 있을지 몰라도 과학자라고 부르는 것이 어색하지 않다.

물론 다빈치가 예술가를 대표하고 갈릴레이가 뉴턴과 계보를 잇는 과학자가 된 배경에는 분명한 차이와 이유가 있다. 그래서 두 사람의 행보만큼이나 극명하게 달랐던 삶을 살펴봐야 한다.

사실 이탈리아에 다녀오기 전만 해도, 나는 '수학' 능력과 '라틴어' 습득 여부가 두 사람의 미래를 결정짓지 않았을까 생각했다. 스스로 고백했던 것처럼, 다빈치는 수학적 지식이 부족하고 언어적 한계로 인해 생각을 넓히지 못하고 고전을 면치 못한 것이 사실이다. 하지만 두 사람의 시공간적 간극까지 함께 고려하면 삶과 사람, 학문적 지평이 뚜렷이 보인다. 수학이나 언어 교육의 부재는 결격 사유라기보다는 아쉬운 점일 뿐이다. 다빈치의 노트 곳곳에 남은 글과 그림은 그가 창의적이고 과학적인 장인임을 여실히 보여준다. 다만 그가 남긴 연구나 생각이 제대로 책으로 정리되지 못한 것이 아쉬울 뿐이다.

갈릴레이는 천문학뿐 아니라 물체의 운동, 빛, 조수 간만 등 여러 주제를 연구했고, 그의 책은 후세의 학자들이 근대 과학을 발전시키는 든든한 초석이 되었다. 과학사적 근거를 놓고 보더라도, 갈릴레이는 과학자들의 계보에서 제일 앞줄에 내세울 수 있을 만큼 과학 혁명에 크게 공헌했다.

나는 이탈리아 구석구석을 돌아다니며 다빈치와 갈릴레이의 흔적을 찾았다. 그들의 유명세도 새삼 느꼈지만, 무엇보다 용광로처럼 뜨겁게 끓어오르며 변화하는 세상에서 열심히 살았던 두 사람, 과학자와 예술가라는 타이틀 밑에 숨은 개인의 민낯을 확인한 것 같다. 메디치가 선택하지 않았던 다빈치는 힘겨웠지만 자유로웠고, 오만할 정도로 자신만만했던 갈릴레이는 메디치의 그늘에서 편안했지만 자유롭지 못했다. 그들과 연관된 남겨진 여러 정보를 조합했더니 입체적으로 그들을 이해할 수 있었다. 그러니 피렌체에 남겨진 화려한 묘지가 그들의 삶을 대변하기는 어려울 것이다.

두 사람 모두 책을 저술하는 데 마지막 삶의 에너지를 쏟았다. 갈릴레이는 《새로운 두 과학》을 남기고 세상을 떠났지만, 안타깝게도 다빈치는 많은 노트만 남기고 생을 마감했다. 천재적인 재능을 혼자 다듬느라 고군분투했던 다빈치와 가족을 부양하기 위해 열심히 살았던 또 다른 천재 갈릴레이. 비록 다른 시공간에 살았지만, 자연, 인간, 우주에 대한 호기심을 삶의 동력으로 삼은 그 둘은 과학자의 정신을 지닌 진정한 르네상스인이었다. 그리고 이들의 삶과 업적은 새로운 시대의 밑거름이 되었다.

2장

르네상스의 두 사람,
출생과 성장

1
빈치의 사생아

언덕 위의 집: 외로운 천재의 둥지

이탈리아어의 da는 '~로부터', '~의'라는 의미로 사용되는 전치사이고, 레오는 사자라는 뜻이다. 따라서 레오나르도 다빈치는 '빈치의 사자', 즉 빈치에서 온 씩씩한 아이쯤으로 해석하면 될 듯하다. 출신지나 가업이 성이 되는 경우가 종종 있는데, 다빈치 역시 대대로 빈치에 정착한 조상 덕에 출생지가 성이 되었다.

빈치^{Vinci}는 피렌체 외곽에 있는 한적한 시골 마을로, 이곳에 가려면 열차로 엠폴리^{Empoli} 역까지 가서 가끔씩 오는 버스를 타고 조금 더 들어가야 한다. 올리브 숲 말고는 아무것도 없는 이 평화로운 시골은 다빈치의 고향이다. 지금은 그의 이름으로만 유명한 도시가 되었다.

작은 마을의 중심지에 자리 잡은 버스정류장에서 조금 걸으면 레오나르도 박물관^{Museo Lenardiano}과 다빈치 생가^{Casa Natale di Leonardo}를 안내하는 표지판을 볼 수 있어 길을 찾기는 그리 어렵지 않다. 다만 시 중심에 있어서 금방 눈에 띄는 박물관과 달리, 앙키아노^{Anchiano}에 자리 잡은 생가는 조금 더 외곽으로 걸어가야 한다. 빈치 시는 넓지 않아 몇 번 왔다 갔다 하면 대충 알 수 있는데, 대부분의 가게가 다빈치를 상호나 입간판으로 쓸 만큼 그는 이 작은 마을의 상징이다.

이렇게 유명하다면 다빈치에 관한 문서가 많이 남아 있을 것 같지만, 실상 시에 보관된 문서 어디에도 다빈치의 출생 기록은 없다고 한다. 다만 이 작은 도시에서 공증인으로 일하며 꼼꼼히 문서를 처리했던 그의 친할아버지 안토니오 다빈치 덕분에, 1452년 4월 15일 오후 10시 30분을 출생 시간으로 추정할 뿐이다. 바로 다음 날 마을 성당에서 진행된 세례식에 안토니오의 식구와 지인, 다빈치의 아버지 세르 피에로^{Ser Piero}가 참석한 기록이 남아 있고, 시가 보관하는 세금 조사서에 다빈치가 안토니오의 부양가족으로 등재되어 있어서 할아버지의 메모는 공신력을 얻었다.

레오나르도 다빈치는 공증인이던 아버지 피에로와 고아였던 어머니 카테리나^{Caterina Lippi} 사이에서 태어났다. 하지만 이미 피렌체에서 유명인의 딸 알비에라와 약혼했던 피에로는 다빈치 모자를 남겨두고 피렌체로 떠나버렸다. 결혼도 하지 않고 임신한 카테리나를 모른 체할 수 없었던 안토니오는 다빈치를 낳자 카테리나에게 혼처를 알아봐주었다고 한다. 카테리나가 비밀리에 아이를 출산했던 곳이 앙키아노에 있는 생가로, 다빈치는 태어나 잠깐 어머니와 지냈다.

사실 다빈치 생가는 현대에 와서 복구한 건축물이다. 1953년 빈치 시는 다빈치 탄생 500주년을 맞아 레오나르도 다빈치 기념관으로 개방했다. 폐허로 방치된 아담한 벽돌집을 시에서 기증받아 재정비한 것으로, 문헌을 참고해 되살렸다. 생가 옆에 있는 작은 사무실에서 입

▪ 빈치에서는 어디에서나 다빈치의 이름을 볼 수 있다. 이정표마저도 온통 그의 이름이다.

장권을 구매할 수 있는데, 집이 크지 않아 둘러보는 데 시간이 많이
걸리지 않는다.

시장이나 관공서 등이 있는 빈치에서 조금 떨어진 다빈치의 집은
올리브나 포도 등을 재배하는 시골의 적막한 농가였다. 빈치 시에서
스트라다 베르데Strada verde(녹색 길) 팻말을 따라가면 온통 올리브 숲인
언덕이 나오고, 30분쯤 걷다 보면 앙키아노에 위치한 다빈치의 집에
도착한다. 어렸을 때 다빈치는 집 근처 대장간에서 들려오는 망치 소
리를 신기하게 여기고 그곳에 묶여 있던 말과 다양한 기구를 들여다
보는 것을 즐겼다고 한다. 생가 주변에는 다른 건물이 없고 꽤 적막했
다. 누가 여기까지 올까 싶었는데, 의외로 가족 단위의 관광객이 많았

■ 다빈치 생가의 안내 책자.

■ 다빈치 생가의 안내 책자.

고 주차장도 꽤 넓었다. 아무것도 없는 동네가 다빈치의 출생지라는 이유만으로 북적이는 게 신기했다.

생가 주변과 내부 정원은 잘 정비되어 있고, 실내는 몇 개의 구역으로 나뉘어 있다. 다빈치의 조각상, 복제된 코덱스와 회화, 집을 보수하는 과정이 담긴 사진과 동영상 등을 볼 수 있다.

생가라고 해서 그가 쓰던 작은 침대나 장난감, 어릴 적에 그린 습작을 바란다면 지나친 기대다. 부모의 보살핌도 받지 못하고 일생을 떠돌아다녔던 다빈치의 삶을 생각해보면, 유년기의 물건이 남아 있을 리 없다. 그런데 그의 어린 시절을 들여다보는 데는 작은 집과 숲으로도 충분했다. 언덕을 오르며 보았던 올리브 나무며 잔바람에 물결처럼 일렁이던 숲은 지금도 잊히지 않는 장면이다. 아무것도 남아 있지 않은 작은 공간과 창을 가득 메운 숲의 전경이 다빈치의 유년 시절을 고스란히 담고 있는 것 같았다.

▪ 생가 입구에 붙은 명패(왼쪽)와 집 내부의 창을 통해 보이는 숲 전경(오른쪽).

　다빈치는 할아버지와 할머니, 열다섯 살 위인 삼촌 프란체스코와 함께 살았다. 그래서 매일 보는 들판과 하늘, 바람과 나무, 그리고 그 속에 살아가는 작은 생명이 아마도 그의 유일한 친구였을 것이다. 그의 그림에 흔적처럼 등장하는 풍경이나 자세히 묘사한 꽃과 풀은 외로웠던 소년의 마음에 새겨진 유년기의 유일한 기억인지도 모른다.

　빈치에서도 외곽에 자리 잡은 앙키아노의 집에서 어린 다빈치를 떠올릴 만한 흔적이라곤 집터를 둘러싼 자연밖에 없지만, 돌계단에 한참 앉아 있으니 그의 내면을 마주한 듯 편안하고 반가웠다. 방에 난 작은 창으로 보이는 바깥 풍경이 조용하고 느긋해서 좋았는데, 과연 어린 다빈치는 어땠을까? 생가를 방문하기 전에는 하루 종일 들판을 뛰어다니며 호기심 어린 눈빛으로 자연을 관찰하는 개구쟁이 소년을 떠올렸지만, 막상 와보니 많이 외로워서 부모와 친구가 그리웠을 것 같다.

아버지를 아버지라 부르지 못한 르네상스의 사생아

　동네가 그리 크지 않으니 어린 다빈치는 근처에 살고 있는 어머니의 소식을 듣거나 몇 번쯤은 오가며 마주쳤을지도 모른다. 하지만 새로운 가정을 일군 어머니 곁에는 새아버지와 아이들이 있었을 테니, 어머니의 존재는 다빈치에게 여러모로 상처였다. 또 아버지도 일과 가정을 찾아 피렌체로 떠나서 빈치에 있는 다빈치를 애정으로 돌보았을 것 같진 않다. 새로운 가정을 일구고 사는 아버지와 어머니, 그리고 자신의 자리를 차지한 동생들까지, 아무것도 모르는 어린아이지만 다빈치의 상실감은 컸을 것이다.

　더구나 시골에 홀로 남겨진 다빈치는 제대로 된 교육조차 기대할 수 없었다. 훗날 스스로 글을 깨우치지만, 유년기에는 읽고 쓰고 말하는 기본 소양도 갖추지 못했다. 그래서 일부 전문가들은 방향이 반대이고 알아보기 힘든 다빈치의 글씨체가 유년 시절에 제대로 배우지 못해 굳어진 습관일 거라고 주장한다.

　할아버지가 공증인이었으니 글을 가르쳤다면 머리가 좋은 다빈치는 금방 배웠을 것이다. 그러나 사생아에게 주어진 차별과 한계를 잘 알았던 할아버지 안토니오가 다빈치에게 굳이 글을 가르치지 않았을 가능성도 있다. 당시 결혼하지 않은 남녀 사이에서 태어난 아이는 종교적으로 부정한 존재로 여겨져 교육이나 출세에 제약이 많았다. 피렌체의 주요 세력으로 등장한 성직자 때문에 사생아의 출세는 제한되었고 할 수 있는 일도 한정되었다. 따라서 안토니오와 피에로는 사생아인 다빈치가 가업을 이어 공증인이 될 수 없다는 사실을 염두에 두었다. 그럴 바에는 시골에서 사는 것이 행복할 거라 생각했는지, 보통 중산계급 가정의 아이들이 받는 라틴어와 인문 교육도 시키지 않았다. 다만 주산 학원에서 돈 계산에 필요한 기초적 산수를 배웠고, 이것이 다빈치가 받은 기초 교육의 전부였다.

이렇게 자란 아이가 훗날 독학으로 다방면의 지식과 기술을 익혔으니, 다 빈치가 쏟은 열정과 노력에 박수를 보내지 않을 수 없다. 하지만 제대로 교육받지 못했기 때문에 결핍과 제약이 많았다. 다빈치가 피렌체 대공인 메디

▪ 다빈치 생가의 가족 문장.

치의 후원을 받지 못하거나 수학이나 과학 책을 출간하는 데 어려움을 겪은 것은 부족한 지식이나 배움 탓도 있다. 무식하다며 무시당한 것은 물론이고, 다빈치도 수학적 지식이 부족해서 연구하기가 어렵다고 스스로 한탄할 정도였다. 하지만 늦은 나이에 라틴어를 홀로 익혔고, 끊임없이 책을 읽고, 직접 관찰하며 실험하는 등 부단히 노력했다. 그렇게 습득한 경험과 뛰어난 사고력, 이를 뒷받침하는 독보적인 표현력을 보면 배움과 관심이 부족했던 그의 유년이 더 아쉽고 안타까울 뿐이다.

아이러니하게도, 사생아라는 태생 덕분에 그는 기존 교육이나 사고 체계에 갇히지 않았다. 즉 자유롭게 생각하고 행동하며 어디에도 얽매이지 않으니 마음껏 상상력을 발휘할 수 있었던 것이다. 유년기의 결핍이 오히려 창의적인 예술과 독학을 부추긴 추진력이 되었다는 말이다. 불우한 어린 시절이 어떻게 작용했든 간에 모두 일리 있는 주장이며, 이런 양면적인 해석조차 다빈치답다는 생각이 든다.

다빈치의 할아버지와 할머니가 죽고 삼촌인 프란체스코마저 결혼

하자, 피에로는 다빈치를 피렌체로 데리고 왔다. 하지만 피에로는 아들을 살갑게 챙겨주지 않았고, 이미 피렌체의 집에는 두 번째 부인이 있었다. 머지않아 세 번째 부인과 이복동생이 생기면서 다빈치는 딱히 마음 둘 곳이 없었다. 어머니도 마찬가지였다. 의지할 것이라곤 빈치에서 자유롭게 지냈던 기억과 그를 품어주었던 자연뿐이었던 듯하다. 그래서인지 빈치의 풍경은 여러 작품에 배경으로 등장한다. 유년기를 함께한 빈치의 풍경이 다빈치의 뇌리에 얼마나 깊게 새겨졌는지 알 수 있는 대목이다.

피렌체 공방에서 성장한 르네상스 장인: 스승을 넘어선 마에스트로

1464년경, 다빈치가 피렌체로 왔을 때는 고작 12세였다. 마음껏 뛰어놀던 시골 마을이 아니라 대도시 피렌체에서 살기란 쉽지 않았을 것이다. 이 시절 그의 심경은 그가 만든 이야기에서 잘 드러나는데, 꽃밭에서 즐겁게 지내던 돌멩이가 언덕 아래로 굴러 내려와 다른 돌에 치이고 사람들에게 밟혀 더럽혀지는 과정을 그린 우화는 그의 처지와 심경을 표현한 것으로 보인다.

아버지는 도시에 잘 적응하지 못하는 다빈치를 학교에 보내거나 합법적인 아들로 받아들이진 않았다. 현실적으로 키울 처지가 아니어서인지, 아니면 아들의 예술적 재능을 알아본 것인지는 알 수 없지만, 다빈치는 일찌감치 공방에 들어갔다. 곳곳에서 공사가 진행되던 피렌체에서는 장인이 인기 있었고, 유명한 공방은 기술 학교나 기능 학교와 같은 역할을 했다. 공방의 대표가 일을 받으면 그곳에 소속된 장인들이 일을 나눠 진행하는 식이어서 재능 있는 도제가 많을수록 공방은 번창했다. 그러니 인재를 영입하고 키워내는 것도 공방의 주요한 임무였다. 다빈치는 14세에는 아버지의 집 대신 공방에서 지냈는데, 매일 12시간씩 일하며 다양한 기술을 익혔다고 한다.

그의 스승 베로키오Andrea del Verrocchio는 보테가bottega라 불리던 공방의 대표로, 그림뿐 아니라 조각, 금속 세공, 무기 제작, 무대 설치 등 다양한 작업을 하는 숙련된 장인이자 유명인이었다. 그래서 베로키오의 공방에는 다빈치처럼 기거하며 일을 배우거나, 스승이 일을 나눠주면 맡아서 하는 소속 장인들이 많았다. 제대로 교육받은 적이 없던 다빈치였기에, 공방에서 받은 기술 교육이 정식 교육의 전부였다.

인문 고전과 인간 존중이 불러온 르네상스는 엘리트 계층만이 일으킨 변화가 아니었다. 한편으로는 새로운 시대정신을 이해하고 표현해내는 장인이 출현해 문화 예술 분야에서 새로운 지평을 열기 시작한 것이다. 주문받은 대로 제작하는 예술가나 장인도 많았지만, 어떤 사람들은 인문 고전을 읽고 이해하려고 노력하고 연구했다. 그들은 인체나 자연을 잘 묘사하기 위해 면밀히 관찰하고, 빛과 그림자, 원근, 기하 등의 이론을 익히고, 스스로 사고한 것을 작품으로 풀어내며 주목받았다.

베로키오의 작업실에는 유명한 장인이 많이 드나들었기에 궁금한 것은 자유로이 묻고 토론할 수 있는 환경이었다. 기초적인 수준이지만 그림이나 조각에 참고가 될 만한 교재도 있어서 문답식의 이론 학습은 가능했을 것이다. 그러나 공방은 주문받은 작품을 만들어 판매하는 것이 주된 목적이므로 인문학과 수학을 체계적으로 학습할 수 있는 학교는 아니었다.

14세라는 어린 나이에 수많은 사람이 드나드는 공방에 기거하며 하루에 12시간씩 일했으니, 꽤 열심히 살았던 것은 분명하다. 시작은 심부름 같은 허드렛일이었겠지만, 뛰어난 재능과 영특함 덕에 다빈치는 일반적으로 13년은 걸린다는 과정을 6년 만에 마치고 마에스트로가 되었다. 공방의 견습생이었을 때부터 스승과 함께 작업했다고 하는데, 다빈치의 그림을 본 베로키오가 그림을 그만두고 조각과 건축에 몰두했다는 설이 전해질 정도로, 그의 천재성은 일찍 두각을 드러냈던 것 같다.

외롭게 자랐지만, 다빈치는 의외로 사교적이었다고 한다. 게다가 조각상의 모델이 될 만큼 외모가 준수했고, 음악적 재능이 있었을 뿐 아니라 말을 잘해서 사람들과 잘 어울렸다. 자유로운 사고방식과 사교적인 성향은 빈치의 자연과 공방에서 형성되었을 것으로 보인다. 어쩌면 공방에서 소속감을 느끼고 마음껏 배우고 표현하며 친구를 만나고 자신에게 뛰어난 예술적 재능이 있다는 사실을 깨닫자 새롭게 태어난 것은 아닐까? 상실이 주는 정서적 공허, 자연에서 받은 위로, 피렌체라는 도시의 자극, 이 모든 것이 천재 다빈치를 만드는 양분이었을 것이다.

관찰력이 뛰어나고 배우는 것이 빨랐던 다빈치는 스승 베로키오의 영향을 받았지만, 진정한 스승은 공방에만 있지 않았다. 그는 피렌체 도처에서 진행되던 건축 공사와 여러 장인의 예술품 등을 현장에서 직접 관찰하고 스케치하면서 끊임없이 경험하고 배우기를 주저하지 않았던 것이다. 그런 의미에서 다빈치 성장의 배경이었던 도시 피렌체와 그곳에서 꽃핀 르네상스는 그를 거장으로 키운 최고의 학교였다.

2
피사의 엘리트

피사의 골목집: 갈릴레이의 놀이터

피렌체에서 피사 중앙역Stazione di Pisa Centrale까지는 기차로 한 시간 정도 걸리는데, 인기 관광지라서 열차 안은 늘 붐빈다. 유명한 피사의 사탑과 성당이 있는 미라콜리 광장에서 북쪽으로 향하는 길의 중간 지점, 즉 아르노강을 건너면 피사 대학교가 있다. 그곳에서 오른쪽으로 조금만 더 가면 갈릴레이가 태어난 집이 나온다. 모두 걸어다닐 수 있을 만한 거리지만, 버스를 탈 수도 있다.

이탈리아에서 가장 흔하게 볼 수 있다는 가리발디 동상이 있는 작은 광장을 돌아가면 산 안드레아 교회Chiesa di Sant'Andrea forisportam가 나온다. 갈릴레이의 생가는 교회 맞은편에 있다. 엄밀히 말하면 갈릴레이의 어머니가 살았던 집인데, 갈릴레이의 출생지라고도 하고 어머니의 이름을 따서 '암만나티의 집Casa Ammannati'이라고도 부른다. 푯말 외에는 딱히 갈릴레이의 흔적을 찾아볼 수 없는 작은 건물인 데다 다닥다

■ 갈릴레이가 태어난 '암만나티의 집'이 있는 거리.

닥 붙은 집들 사이에 자리 잡고 있어서 자세히 보지 않으면 스쳐 지나기 쉽다. 아르노 강변에서 가까운데, 관광지라기보다는 주택가에 가깝다.

3층 창문에 걸려 있는 갈릴레이의 초상과 표지판이 내심 반가웠지만 문이 굳게 닫혀 있어서 실내가 보전되어 있는지, 다른 용도로 사용되고 있는지는 알 수 없었다. 한때 이 건물이 카페로 사용되었다는 기록이 있는 것으로 보아, 갈릴레이 가족이 사용했다는 3층에 걸린 그림이 그의 출생지를 알리고 기념하는 전부이지 않을까 싶다.

1564년 2월 15일에 태어난 갈릴레이는 10세 무렵까지 이곳에서 살았다. 이 집에서 어린 갈릴레이는 아버지에게 류트나 오르간을 연주하는 방법과 음악 이론을 배웠다. 아버지가 피렌체 궁정에서 일하

▪ 쥐세페 거리에 있는 생가의 3층 창문에는 갈릴레이의 초상화가 붙어 있다.

기 위해 떠난 후에도 가족은 2년 더 피사에 머물렀는데, 이 기간에 갈릴레이는 아버지의 지인에게서 기초 라틴어와 수사학을 배웠다. 아버지에게 지인이 보낸 편지를 보면, 갈릴레이가 얼마나 다재다능하며 똑똑했는지 알 수 있다. 제자인 비비안니가 갈릴레이의 유년 시절을 기록한 바에 따르면, 갈릴레이는 그리스어는 스스로 공부해 책을 읽을 정도였다고 한다. 그 후 가족이 모두 피렌체로 옮겨 갔지만, 갈릴레이는 청년이 되어 피사 대학의 학생이 되었고, 그 몇 년 뒤에는 수학과 교수로 임명되어 다시 피사로 돌아온다.

다빈치와 갈릴레이 모두 피렌체 인근의 작은 집에서 태어났지만, 도시 피렌체를 토양으로 삼아 잘 자란 르네상스인이었다. 다만 부모의 보살핌을 받지 못하고 옮겨 다녀야 했던 다빈치에 비해 갈릴레이의 어린 시절은 지극히 평범했다. 물론 집안 형편이 넉넉하진 않았지만 부모의 사랑을 받았고 기초 교양 교육도 적절히 받았다. 다빈치는 도제 교육을 받으며 장인으로서 르네상스의 변화를 체득했다면, 갈릴레이는 엘리트 르네상스 운동을 주도하던 아버지와 지인을 보며 가정에서 르네상스적 사고를 자연스럽게 습득했다는 차이점이 있다.

빈첸초 갈릴레이의 아들: 엘리트 교육을 받은 르네상스의 천재

아버지 빈첸초 갈릴레이Vincenzo Gallilei는 류트와 오르간을 잘 다루던 뛰어난 연주가이자, 작곡이나 음악 이론에도 정통한 학자였다. 특히 소리와 음악에 관심이 많아 직접 실험하고 연구한 결과를 책으로 출간했고, 피렌체 카메라타Florentine Camerata라는 유명 모임의 일원으로도 활동했다. 카메라타는 방을 의미하는 카메라camera에서 유래한 말인데, 피렌체의 명망가였던 조반니 데 바르디Giovanni de' bardi 백작이 시인, 음악가, 화가, 학자 등 다양한 분야의 사람을 모아 그리스 문화를 연구하고 지식을 공유하며 자유롭게 토론하도록 공간을 제공했고 이것이 모임의 명칭이 된 것이다.

이 모임에서 적극적으로 활동했던 빈첸초는 고대 그리스 비극, 즉 이교도적 스토리를 단선율monody 음악에 실어 대사(시)로 전달하는 새로운 방법을 도입하여 음악계의 변화를 이끌었다. 이 새로운 양식이 이탈리아를 상징하는 오페라로, 바로크 시대를 여는 초석이 되었다. 음악사에서 빈첸초의 지위는 차치하고라도, 변화를 만드는 그 중심에 아버지가 있었고 아버지의 활동을 갈릴레이가 고스란히 지켜보았던 것을 생각하면, 과학 혁명의 기초를 닦은 갈릴레이의 행보를 이해할 수 있다. 집을 비롯해 아버지가 머물던 곳이 바로 르네상스의 현장이었던 셈이다.

갈릴레이 역시 고전을 많이 읽고 시, 음악, 회화를 즐겼을 것이다. 덕분에 오르간과 류트를 수준급으로 다뤘고 그림도 잘 그렸다. 라틴어와 그리스어로 된 책을 읽어 인문학적 소양이 높았고, 예술을 즐기고 예술가와 작품을 이해하고 평가하는 활동에도 적극적으로 참여했다. 특히 회화에 조예가 깊어서 화가에게 조언할 정도였고 비평가로서 회화의 중요성을 강조하는 등, 진정한 의미에서 르네상스인다운 면모를 갖추고 있었다.

그렇다면 왜 갈릴레이는 음악가가 아닌 수학자가 되었을까? 빈첸초의 연구를 되짚어보면 어느 정도 이해가 된다. 중세의 음악은 피타고라스식 계산으로 찾아낸 신비스러운 수의 조화로 창작되었다. 그래서 철저히 수학적이고 이론적이었을 뿐 아니라, 조화로운 신의 세상이 완벽하게 하모니를 이룬 음악에서도 구현된다고 생각했기에 종교적 상징성도 컸다. 그래서 수학을 잘 아는 사람이 곡을 만들고 악기를 연주했으며 교회음악이 주류를 이뤘다.

흥미로운 점은, 조화로운 신의 세상이라는 개념이 음악뿐 아니라 천상의 세계인 우주를 설명할 때도 적용되었다는 사실이다. 신이 숨겨놓은 신비한 조합, 즉 우주의 근본 원리 혹은 하모니를 찾는 것 역시 수학자의 몫으로 여기던 시대였다. 그렇기에 천문학자 케플러가 상상했던 우주 모형은 다면체의 조합으로 상당히 기하학적이었다.

가정에서 피타고라스 이론 같은 기본 수학 개념을 배웠기에 갈릴레이에게 수학은 낯익은 도구였다. 그래서 음악에서 조화를 찾았던 아버지 빈첸초와 우주 속에 숨겨진 수의 조화를 찾으려고 했던 갈릴레이는 접점이 있다. 이런 맥락에서 볼 때, 음악적 소양이 뛰어난 갈릴레이가 수학자 혹은 천문학자가 된 것은 그리 이상한 일이 아니다.

하지만 갈릴레이가 일반적인 수학자들과 달랐던 점은 관념적 이론뿐 아니라 현실적 체험을 중요하게 여겼다는 사실이다. 그는 측정하거나 관측한 결과를 수량화하여 객관적 기준을 세우고 그 값 사이의 상관관계를 들여다보는 과학적 접근법을 사용했는데, 이 역시 아버지 빈첸초에게 배웠음 직하다.

빈첸초는 이론을 중시하는 음악가로 경력을 쌓았지만, 기존의 체계, 즉 수학적 계산으로 창조하는 이론적 음악의 한계를 비판하고 실체적 소리를 강조했던 개혁적 음악가이기도 했다. 예를 들어 길이나 두께가 다른 실을 퉁겨가며 조화로운 소리를 찾은 것은 물론이고, 악기의 특성에 맞는 곡을 만들어야 한다고 주장했다. 그래서 음정, 비례, 소리의 원리, 진동, 공명, 화음 등을 연구했고, 음악이 종교에 얽매이지 않게 하려고 부단히 노력했다. 현의 길이나 강도에 따라 달라지는 음의 높낮이와 화음을 연구하느라 집 안 곳곳에는 류트의 현, 프렛, 지판 등이 놓여 있었다고 한다. 직접 현을 조이고 늘여가며 소리가 어떻게 변하는지 기록하고 책을 썼으니, 음악이라기보다 물리학혹은 음향학에 가까운 실험을 매일 한 셈이다.

현과 악기와 나무판이 가득한 빈첸초의 방은 어린 갈릴레이에게 신나는 놀이터였을 것이다. 아버지를 따라 하던 놀이가 그대로 몸에 익어 갈릴레이만의 독특한 수학적, 과학적 탐구법으로 자리 잡았다. 여러 가지 변수를 조절해가며 실험하고, 실험으로 증명된 사실을 조합하여 이론을 정립하고, 이 결과를 설명하거나 글로 풀어쓰는 모든 과정을 집에서 직접 보고 익혔으니, 이보다 훌륭한 교육은 없었을 것이다.

적어도 아버지가 빈첸초였기에 갈릴레이가 남다르게 성장할 수 있었던 것은 분명하다. 아버지의 기구를 만지작거리며 관찰하고 느꼈던 현의 떨림이나 진동, 소리가 나는 방식은 훗날 갈릴레이의 연구 소재로도 자주 등장한다. 더구나 음악의 박자를 측정하듯 흔들리는 램프의 진동수를 심장 박동으로 측정하고 사고를 확장한 것도 어린 시절의 교육과 무관하지 않았을 것으로 보인다. 갈릴레이의 《새로운 두 과학》에는 현의 진동, 횟수, 길이, 음정, 주파수와 관련된 내용이 여러 곳에서 등장하는데, 빈첸초가 음악의 새로운 방향을 제시했다면 갈릴레이는 소리에서 시작된 과학, 더 나아가 시간, 운동, 힘의 관계를 탐구하고 설명했다.

또 한 가지, 아버지와 아들 모두 대화의 형식을 빌려 책을 썼다는 점을 눈여겨보아야 한다. 그리스 고전뿐 아니라 당대의 책 중에도 대화 형식을 빌린 것이 많은데, 두 부자의 책은 내용과 형식 면에서 참 많이 닮았다. 갈릴레이의 주요 저서인 《두 우주 체계에 대한 대화》는 제목과 형식만 보아도 빈첸초의 《고대와 근대 음악의 대화Dialogo della musica antica et della moderna》와 유사함을 짐작할 수 있다. 화성을 단순화하고, 시에 멜로디를 입히는 새로운 양식을 도입하고, 다양한 실험으로 소리의 조합을 찾아 곡을 만든 빈첸초가 음악의 혁신과 변화를 이끌었다면, 아들 갈릴레이는 권위적 논리나 이론적 계산으로만 설명하던 자연현상과 우주를 객관화된 관찰과 실험으로 설명해야 한다고 주장했다.

빈첸초가 들고 나온 '현대' 음악은 당연히 '고대' 음악, 즉 당시의 주류 음악과 갈등을 빚었다. 한편 코페르니쿠스의 우주론에 힘을 실었던 갈릴레이의 주장 역시 격렬한 반대에 부딪혔다. 이렇듯 빈첸초

■ 빈첸초 갈릴레이, 《고대와 현대 음악의 대화》(1581), ⓒ위키피디아

■ 갈릴레오 갈릴레이, 《두 우주 체계에 대한 대화》(1632), ⓒ위키피디아

와 갈릴레이는 분야는 다르지만 '두 체계'가 어떻게 다른지 알리고 새로운 체계로 나가야 한다고, 즉 혁명적 변화가 필요하다고 꽤 비슷한 방식으로 설명했던 것이다.

주류 혹은 권위를 무조건적으로 수용하는 대신 비판적이며 과학적으로 생각했던 빈첸초와 갈릴레이는 추종자도 많았지만 반발도 함께 감내해야 했다. 학계나 종교계는 책이나 강연의 내용만이 아니라 교만하다거나 무례하다며 인격에 대한 비난도 서슴지 않았다. 논쟁에 휘말린 것은 물론이고, 갈릴레이는 종교재판을 받았고 책은 오랫동안 금서로 지정되었다. 그의 책이 얼마나 큰 파장을 일으켰는지 짐작할 수 있는 대목이다.

빈첸초는 바로크 시대를 연 음악사의 혁명기를 이끌었고, 갈릴레이는 아리스토텔레스식 사고를 뛰어넘어 근대를 준비한 과학 혁명을 촉진시킨 인물이 되었으니, 참 대단한 부자임이 분명하다. 아버지보다 아들이 훨씬 유명하지만, 갈릴레이가 성취한 많은 업적은 사고의 틀을 잡아주고 교육으로 소양을 갖춰준 빈첸초의 덕이라고 할 수 있다.

피사 대학: 문제 학생 갈릴레이

어느 시대든 비슷하지만, 당시에도 음악가, 학자, 예술가는 많은 돈을 버는 직업이 아니었다. 가난했던 빈첸초는 대가족을 책임지기 위해 연주가로, 학자로, 시인으로, 저자로 열심히 일했다.

당시에는 많은 가정에서 자녀를 수도원에 보내 기초적인 교양을 배우고 종교적 수련 과정을 거치게 했는데, 갈릴레이도 3년 정도 발롬브로사의 산타마리아 수도원에 기거하며 논리학과 성직자 교육을 받았다. 그러나 갈릴레이뿐 아니라 빈첸초 역시 성직자가 적성에 맞지 않다고 생각해서 경제적 부담에도 불구하고 갈릴레이를 대학에 보냈다. 자신이 빈궁했기 때문이었는지, 빈첸초는 영리하고 재능이 많은 아들이 돈을 많이 버는 의사가 되길 바랐다. 아버지의 바람대로 갈릴레이는 1581년에 17세의 나이로 스투디움 제네랄레Studium Generale라고 불리던 피사 대학 의학부에 입학했다. 이렇듯 다빈치와는 출발부터 성장까지 완전히 다른 삶이었다.

하지만 갈릴레이는 기대와 달리 의과대학에서 좋은 평가를 받지 못했다. 회의적이고 탐구심이 많던 갈릴레이는 끊임없이 의심하고 질문하고 논쟁했기에 교수들에게 귀찮은 존재라거나 건방진 학생, 심지어는 논쟁꾼으로 불렸다고 한다. 특히 의학 수업은 권위적이어서 아리스토텔레스나 갈레노스의 이론에 의문을 품거나 회의적인 질문을 하는 것 자체가 금기였다. 그래서 갈릴레이는 의학에 대한 흥미는 물론이고 공부에 대한 열의도 금방 식어버렸다.

이때 유일한 돌파구가 수학과 교수 필리포 판토니Filippo Fantoni의 강의를 듣는 것뿐이었다. 당시 필리포는 유클리드와 아르키메데스의 이론을 가르쳤는데, 이 강의를 들은 갈릴레이는 비로소 자신이 무엇을 좋아하는지 깨달았다. 또한 그의 관심과 재능을 알아본 판토니 교수는 피사 대학에 머물며 강의하던 궁정 수학자 오스틸리오 리치Ostilio Ricci를 그에게 소개해 마음껏 조언을 들을 수 있게 해주었다. 갈릴레이는 리치의 강연에 빠짐없이 참석해서 끊임없이 질문하고 대화를 나누며 최고의 제자가 되었고, 수학에 더욱 빠져들었다. 아버지 빈첸초가 기초를 잡아준 수학이 드디어 놀이가 아니라 본격적으로 파고들 학문이 된 것이다.

하지만 갈릴레이는 수학 이론이나 계산에만 전념하지 않았다. 손재주가 뛰어나서 머릿속에 있던 설계로 실용적인 물건을 만들어내는 데도 재능을 발휘했다. 갈릴레이가 만든 물건에는 맥박 수 측정 기구도 있는데, 성당에서 진자(램프)의 주기적 운동을 지켜볼 때 시간을 측정하는 기준이 심장 박동, 즉 맥박 수였던 경험을 역으로 뒤집어 맥박의 횟수를 정확히 측량할 수 있는 플시로지움Pulsilogium을 설계하고 그 원리를 논문으로 썼다. 갈릴레이의 논문을 참고했는지, 아니면 제작한 모형을 보았는지는 모르겠지만, 베네치아의 의사 산토리오가 맥박기를 만들어 병원에서 사용했다고 한다. 이론을 이해하는 능력이 빠른데다 이를 이용하여 발명하고 제작하기까지, 실용적, 공학적, 과학적 능력을 두루 갖춘 르네상스인 갈릴레이의 면모를 다시금 확인할 수 있다.

영리하고 다재다능했으니 쉽고 편하게 학교를 다녔을 것 같지만, 형편이 어려웠던 갈릴레이는 장학금을 받기 위해 노력했다. 그런데 학교는 논쟁적인 갈릴레이에게 호의적이지 않았고, 연구 논문조차 갈릴레이가 아닌 피사 대학의 이름으로 발표해버렸다. 그 바람에 공로를 인정받지 못한 갈릴레이는 장학금을 받을 자격을 갖추지 못해 학업을 이어갈 수 없었다.

학위를 받지 못한 채 부모님이 있는 피렌체로 돌아온 갈릴레이는 피렌체와 시에나를 오가며 부유층 자녀의 대학 입시를 지도해주고 과외 수업으로 돈을 벌었다. 그러면서도 연구를 지속해 꾸준히 논문을 썼고, 추천서를 써줄 후원자를 찾기 위해 다양한 사람을 만났다. 리치교수에게서 소개장을 받은 갈릴레이는 유명한 수학자이자 로마 대학교의 교수였던 크리스토퍼 클라비우스Christopher Clavius를 직접 찾아갈 만큼 용감하고 절실했다. 당대의 대학자를 만나는 것은 갈릴레이에게 큰 영광이고 좋은 경험이었지만, 그의 이력이 인상적이지 않았는지 추천서는 받지 못했다.

1586년, 첫 로마 여행을 소득 없이 마무리하고 돌아온 갈릴레이는 과외 수업을 하면서 볼로냐, 파도바, 시에나, 피렌체, 피사 등지의 대학에 강사 자리가 나기만을 기다렸다. 그 동안 개인적으로 진행하던 연구가 성과를 냈고, 빌란체타Bilancetta라는 저울을 만들어 아르키메데스의 원리를 입증하는 실험을 선보이며 과학자로서의 입지를 확보해가고 있었다.

3장

생업의 현장에서
미움받던 풋내기들

1
메디치가 무시한 어린 마에스트로

피렌체 르네상스: 무한한 가능성의 토양

13세기경, 피렌체의 상인들은 영국에서 양모를 수입해 실을 뽑고 아름답게 염색한 후 가공하여 비싸게 되파는 모직 산업을 성공시키며 많은 돈을 벌었다. 더 나아가 벌어들인 자본으로 금융업을 발달시키고 물류 이동을 주도했다. 그 덕에 14세기에 피렌체는 국제적 상업도시로 발돋움했다.

전 유럽이 주목하는 도시가 된 피렌체의 상인들은 경제 발전으로 벌어들인 자본을 건축과 문화 산업에 쏟아부었다. 길드의 재정적 지원 아래 산타크로체 성당^{Basilica di Santa Croce}, 베키오 궁전^{Palazzo Vecchi} 등 피렌체를 상징하는 굵직한 건축물을 올리기 시작했고, 성벽, 다리, 도로와 같은 기반 시설을 정비하면서 전방위적으로 도시를 재건했다.

시민과 도시의 위상을 높이고 피렌체를 세계의 중심으로 만들고 싶었던 지배계층은 국제도시라는 품격에 걸맞게 거대한 성당을 지어 경

■ 피렌체를 대표하는 산타마리아 델 피오레, 일명 두오모 성당은 피렌체 어디에서도 눈에 띈다.

제뿐 아니라 종교적 주도권을 장악하려는 꿈을 꾸었다. 막대한 자본과 엄청난 인력을 투입해 산타 레파라타^{Santa Reparata} 성당과 산 미켈레 비스도미니 교회^{Chiesa di San Michele Visdomini}를 허물고, 그 자리에 피렌체의 상징인 산타마리아 델 피오레^{Cattedrale di Santa Maria del Fiore} 성당을 쌓아 올렸다. 1296년에 시작해 1469년에야 완공했던 대규모 공사로, 당시의 기술로는 불가능에 가까웠던 거대한 붉은 돔에는 세기의 건축 기법이 동원되었다. 흔히 두오모라고 부르는 성당은 크기도 크지만, 아름다운 장식과 독특한 건축 공법이 돋보인다. 두오모는 곧 피렌체 르네상스를 상징한다. 게다가 이 공사에 참여하거나 현장을 지켜본 장인과 견습공은 훗날 로마나 밀라노 등의 도시로 파견되어 새로운 창조 작

■ 베로키오가 작업한 첨두와 브루넬레스키가 만든 붉은 돔은 피렌체 르네상스의 상징이다.

업의 주역이 되었다.

공사에 들어간 돈이나 시간으로 미루어 알 수 있듯, 피렌체 두오모는 쉽게 만들어진 건물이 아니다. 터를 닦고 기반을 정비하는 데도 많은 인력과 시간이 소모되었고 공사 중 겪은 소동도 만만치 않아서 공사가 멈추는 일이 잦았다. 전염병이 도시를 휩쓰는 일도 여러 번이었고, 비용이 없어 모금을 기다리기도 했고, 책임자가 사망하거나 교체되어 다시 정비하는 데도 많은 시간이 걸렸다. 여러 번 공사가 중단되고 재개되기를 반복했지만, 그럴 때마다 명장이 등장했고 결국 대장정의 공사가 마무리되었다.

피렌체 내외곽의 틀을 짠 아르놀포 디 캄비오^Arnolfo di Cambio부터 유명한 화가 조토 디 본도네Giotto di Bondone, 그리고 거장 필리포 브루넬레스키Filippo Brunelleschi까지, 피렌체를 대표하는 건축 장인이 모두 뛰어들어 최고의 실력을 선보였다. 특히 북유럽의 고딕 건축을 혐오했던 피렌체 시민들은 단순하지만 크고 높을 뿐 아니라 고대의 건축술과 재료를 재해석한 브루넬레스키의 둥근 지붕이 시민의 자존감과 도시의 위상을 높여주리라 믿었다. 이렇듯 두오모 성당은 거장이 펼치는 당대 최고의 과학, 기술, 예술의 향연이 펼쳐진 장이었다.

놀랍게도 피렌체의 장인은 당시 기술로 감당할 수 없을 만큼 큰 지름(42미터)의 돔, 그것도 팔각형 기단 위에 얹어야 하는 거대한 천장 문제를 나무 받침이나 틀(비계) 없이 해결했다. 이전까지 장인이 사회에서 어떤 대접을 받았는지 알 수 없지만, 브루넬레스키는 그 업적을 기려 성당에서 장례식을 치르고 내부에 안장되었다. 신분과 성장 배경이 어떠했건, 피렌체는 장인의 기술과 능력을 인정하고 그에 맞게 대우했던 것이다. 훗날 미켈란젤로가 산타 크로체 성당에서 가장 눈에 띄는 곳에 묻힌 것을 보면 장인을 존중하는 풍토가 자리 잡았음을 알 수 있다.

흥미롭게도 공사의 마지막에 등장하는 인물이 다빈치다. 당시 그는 어린 견습공에 불과했다. 란테르나lantema라고 불리는 돔의 구멍에 얹힌 첨탑의 공사를 담당한 장인이 미켈로초Michelozzo와 다빈치의 스승인 베로키오였는데, 공방에 들어온 지 얼마 되지 않았던 다빈치는 마지막 과정에 투입되어 잔심부름을 도맡았고 첨탑 꼭대기에 얹은 공에 구리 박편 붙이는 작업을 도왔다고 한다.

피렌체에는 도심에서 진행되는 크고 작은 공사를 일상처럼 보고 자란 아이들이 많았다. 따라서 아르놀포에서 조토, 브루넬레스키로 이어진 초기 르네상스 장인들의 땀과 노력의 결실은 거대한 성당 건물만이 아니라 그들의 뒤를 이은 후배들도 있었다. 거장의 작업을 일상처럼 보고 자란 어린 견습공들에게 피렌체의 수많은 공사장은 작업장이자 학교였다. 이런 환경을 보면 르네상스의 폭발적 확산이 어떻게 일어났는지 조금이나마 이해할 수 있다.

브루넬레스키는 다빈치에 비하면 유명하지 않아서 두오모의 돔을 설계한 사람인 줄로만 알았는데, 실제로 돔의 규모와 형태를 보니 얼마나 대단한 건축가인지 바로 알 수 있었다. 처음에는 다빈치가 작업한 첨두에 얹은 구리 공을 보러 첨탑에 올랐지만, 붉은 돔에 비하면 구리 공은 눈에 들어오지 않을 정도로 작았다. 베로키오 공방에서 유명세를 얻은 젊은 다빈치의 위치도 그 수준이 아니었을까? 뛰어난 장인의 소질을 갖추었지만, 거장끼리 각축전을 벌이던 피렌체에서 다빈치는 수많은 신입 중 하나일 뿐이었다. 유명한 스승 덕에 작업 현장에 참여했지만, 이제 막 마에스트로가 된 그가 재능을 드러내기엔 피렌체는 너무 큰 화폭이었다. 다빈치가 두각을 드러낼 여지가 없을 정도로 경쟁이 치열했다고 생각하면, 피렌체의 위상이나 르네상스의 규모가 어떠했는지 짐작할 수 있다.

여담이지만, 1600년 7월에 첨탑에 벼락이 내리쳐 구리 공을 교체했다는 기록이 있다. 그러니 두오모에 남은 다빈치의 흔적은 그가 수도 없이 첨탑을 오르내렸다는 사실뿐이다. 두오모의 첨탑은 피렌체 여행의 백미라고 불릴 만큼 인기 있는 관광 코스로, 첨탑에서 내려다보는 피렌체의 경치는 말할 수 없이 아름답다. 나 같은 문외한이 보기에도 경외감이 생기는데, 견습공이었던 젊은 다빈치의 심정은 어떠했을까? 그러니 다빈치에게 브루넬레스키가 끼친 영향은 돔 지붕의 독

▪ 자신이 만든 성당의 돔을 바라보고 있는 필리포 브루넬레스키(1830년 Luigi Pampaloni 제작)와 두오모의 최초 설계자 아르놀포 디 캄비오(1830년 Luigi Pampaloni 제작).

특한 건축 양식만은 아닐 것이다.

다빈치를 비롯해 후기 장인들의 노트를 보면, 브루넬레스키의 탁월함은 그가 세운 건축물뿐 아니라 공사의 효율을 높인 여러 기계와 도구에서 더욱 돋보인다. 그는 많은 기계를 설계했는데, 필요하면 현장에서 직접 고안해서 만들어 썼다고 하니 발명왕이라는 타이틀이 아깝지 않다. 이 같은 면모는 브루넬레스키가 금은 세공, 조각, 그림뿐 아니라 과학, 기술, 공학까지 섭렵한 르네상스인이었다는 증거다. 그를 잇는 다음 세대의 다빈치를 위해 그가 먼저 세상을 바꾸고 있었던 것이다. 브루넬레스키가 경계를 허물자, 재능을 키우고 성장한 다빈치 세대가 무한한 상상을 펼칠 시간과 공간이 열린 것이다.

▪ 두오모 첨탑에서 내려다본 피렌체 시의 모습.

다빈치의 기중기: 붉은 돔에 모인 장인들

두오모는 새로운 기법이 다양하게 활용되었다는 점에서 건축사적 가치가 크다. 게다가 거대한 공사에 수많은 기계가 사용되었는데, 다 빈치는 이 장치들이 인상적이었는지 노트 구석구석에 여러 기계의 단면 그림을 남겼다. 특히 돔 공사에 사용된 브루넬레스키의 기중기는 지금 보아도 놀라운 장치로, 다빈치의 노트에도 보고 그린 스케치가 있다.

돔을 만들기 위해서는 돌, 대리석, 모르타르 등 각종 건축 자재를 비롯해 인부를 올려보내거나 내리는 작업을 끊임없이 반복해야 하므로 짐을 상하좌우로 옮기는 기계인 기중기를 사용한다. 당시 건축 현장에서는 마냐 로타^{Màgna Ròta}라는 기중기를 사용했는데, 커다란 바퀴

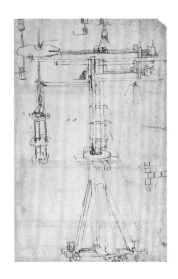

■ 레오나르도 다빈치가 그린 브루넬레스키의 기중기. 〈코덱스 아틀란티쿠스〉 c. 965r.

를 사람이나 동물이 밟아서 돌리면 그에 달린 줄이 움직이면서 도르래 끝에 걸린 물건이 위로 올라간다. 도르래의 수에 따라 더 적은 힘으로 물건을 올릴 수 있는 장치다. 하지만 상하 이동만 가능한 데다 동물이나 사람이 힘을 써야 하고, 위아래 방향 전환이 쉽지 않다는 불편함이 있었다.

발명왕 브루넬레스키는 기존의 단점을 보완하는 장치를 기중기에 달아 말이나 소 한 마리만으로도 작동하게 만들었고, 방향을 쉽게 전환할 수 있는 키를 달아 방향을 바꾸느라 소나 말을 옮기거나 기계를 멈추지 않아도 되도록 고안했다. 덕분에 물건을 간편하게 위로 올리고 내려보낼 수 있어서 작업의 효율이 높아졌다. 또한 수직 이동에만 최적화되어 있었던 것을 보완해 수평 이동 장치인 카스텔로castello를 만들어 현장에서 사용했다. 돔 공사에 사용된 기중기의 밧줄만 해도 길이가 200미터, 무게가 450킬로그램이나 되었다고 한다. 수많은 기계가 성당 근처에 널려 있었으니, 막 피렌체의 공방에 들어와 일을 배우던 다빈치는 이 신기한 광경을 호기심 어린 눈으로 보았고, 인상적인 기계의 모습을 스케치로 남겼다.

산타마리아 델 피오레 성당은 피렌체의 상징이자 유명한 교회 건물이지만, 이 공사에 관련된 많은 예술가와 장인에게는 생활의 터전이었다. 게다가 고대부터의 건축, 미술, 기술, 과학 분야의 지식을 압축적으로 담고 있었기에 다음 세대의 문화적 개화에 기여했다. 이렇듯

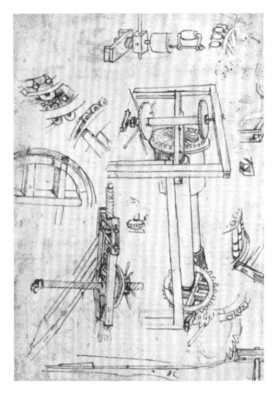

■ 레오나르도 다빈치가 그린 호이스트. 호이스트란 줄을 연결해 짐을
오르내리는 기계를 말한다. 〈코덱스 아틀란티쿠스〉 c. 1083v.

르네상스는 각 분야에서 뛰어난 장인과 학자가 등장해 문화, 예술, 학문적 번영을 이끌었다. 그런 의미에서 볼 때 이 시기에 브루넬레스키, 베로키오의 계보를 이어 다빈치가 등장한 것은 축복이나 다름없다.

　다빈치의 노트를 보면 그가 얼마나 뛰어난 학생인지 알 수 있다. 성당 안팎의 예술품, 건축물은 물론이고 건물을 만들기 위해 고안한 갖가지 장비와 기구를 자세히 관찰해서 기록했고, 더 나아가 자신의 생각으로 발전시켰다. 물론 피렌체에서 젊은 다빈치가 건축가로 성공했던 것은 아니다. 하지만 이곳에서 체득한 경험, 지식과 아이디어는 훗날 거장으로 성장하는 데 풍부한 양분이 되었다. 다른 예술가들 역시 브루넬레스키가 사용한 특이한 장비를 세심하게 관찰하고 기록에 남겼다. 미켈란젤로도 성 베드로 성당의 돔 건설을 의뢰받았을 때 두오모의 둥근 천장을 관찰하고 연구했다고 한다. 고대 로마를 재해석한 브루넬레스키의 기술은 그렇게 다음 세대가 다시금 흡수했다.

한편, 두오모의 돔은 건축가나 예술가에게만 영향을 끼친 것이 아니다. 천문학 관측을 위한 공간으로도 사용되었는데, 브루넬레스키의 친구이면서 파도바 대학에서 수학과 의학을 전공한 파올로 토스카넬리Paolo dal Pozzo Toscanelli는 1475년에 돔의 첨탑에 거대한 바늘을 설치해 놓고 태양과 별의 움직임을 관측했다고 전해진다. 그는 높은 돔에서 측정하여 얻은 관측 값으로 계절과 절기를 정확히 예측해냈고, 첨탑 아래에 청동판을 설치해 성당을 근사한 해시계로 만들었다고 한다.

뛰어난 학자였던 토스카넬리는 별과 태양의 위치를 보고 배의 방향과 위치를 계산하는 방법을 개선했다. 게다가 프톨레마이오스의 지구 크기 계산법, 마르코 폴로의 《동방견문록》, 포르투갈 뱃사람들의 증언 등 기존의 정보와 자신의 측정 값을 넣어 세계지도를 제작한 것으로 알려져 있다. 그는 지구가 둥글다고 확신했고, 육로나 아프리카를 둘러 가는 항로를 이용해 동쪽으로 가는 것보다 대서양을 가로질러 서쪽으로 항해하면 더 빨리 인도에 닿을 것이라고 조언하는 편지를 포르투갈의 아폰수Afonso V 왕에게 보내 대항해 시대를 열기도 했다.

흥미롭게도 토스카넬리는 다빈치가 궁금한 점을 물어보곤 했던 8명의 전문가에 속해 있었다. 당시 토스카넬리는 천문, 지리, 수학, 광학, 원근법에서 인문, 예술 분야까지 모르는 것이 없는 현인이었던 만큼, 다빈치에게 끼친 영향력은 꽤 컸을 것이다. 다빈치가 베로키오에게서 독립한 후에 자문인 명단을 작성한 것으로 보이는데, 명단의 인물들을 살펴보면 이때부터 다빈치가 미술 이외의 영역으로 관심을 넓혔음을 알 수 있다.

두오모의 돔 내부는 첨탑까지 463개의 가파른 계단으로 연결되어 있다. 꼭대기까지 올라가면 첨탑 둘레의 전망대에서 시가지를 내려다볼 수 있다. 두오모 천장 내부의 계단은 폭이 좁고 경사가 있어서 등산하듯 올라야 하는데, 관광객이 많아 한번에 줄지어 가야 해서 잠시 쉬었다 가거나 둘러보며 여유롭게 갈 수 없었다. 그러나 천장 벽화, 중간 중간 보이는 작은 창, 특이한 계단 구조, 신기한 이중벽, 벽돌 양식 등 살펴볼 거리가 꽤 많다. 이곳이 다빈치의 일터였다고 생각하면 눈앞의 매력적인 전경보다 더 많은 것이 보이지만, 계단과 돔 뚜껑 사이를 지나는 독특한 경험만으로도 올라가볼 이유는 충분하다.

메디치와 다빈치: 후원자가 없는 마에스트로

르네상스 시기의 문화적, 학문적 번영은 도시국가를 이끌던 주요 세력의 후원 아래 이루어졌다. 학자와 예술가가 사회적, 정치적, 경제적 영향력에서 자유롭기 어려운 현실은 지금이나 그때나 마찬가지인 듯하다. 오늘날 학자들이 연구 재단에 연구비를 신청하듯, 갈릴레이가 쓴 수많은 편지, 구구절절 써 내려간 책의 서문은 후원자에게 보낸 연구비 신청서이자 감사의 글인 셈이다. 다빈치 역시 자신의 역량과 이력을 강조한 자기소개서를 여기저기에 부지런히 보낸 것을 보면, 재능을 알아주는 후견인을 찾는 일이 얼마나 중요한지 알 수 있다.

상업과 금융으로 막대한 부를 축적한 메디치 가문이 피렌체의 문화, 예술 및 학문 분야에 끼친 영향은 피렌체 도심을 다니다 보면 금세 확인할 수 있다. 특히 고대 로마와 그리스 시대의 조각상부터 당대 최고 예술가의 작품까지, 메디치 가문의 자금이 르네상스의 기폭제로 쓰였다는 사실은 우피치 미술관^{Galleria degli Uffizi}의 소장품만 봐도 드러난다.

우피치는 사무실 혹은 집무실을 뜻하는 말로, 메디치가의 행정과 법률 사무실을 포함한 정부 청사 건물이었다. 최고 권세가였던 코시모 1세가 1560년에 공사를 시작해 그의 아들인 프란체스코 1세가 집권하던 1581년에 완공했다. 효율적인 행정 처리는 물론이고 권위를 드러내고 싶었던 코시모 1세의 이상을 실현하기 위해 유명한 건축가이자 예술가였던 조르조 바사리^{Giorgio Vasari}가 우피치 건설과 도시 정비를 담당했다. 구도심을 정비하고 도심 라인을 재설계한 것은 물론이고 공사의 관리 감독 업무도 맡았다.

기존의 행정 관청이었던 베키오궁이 도시국가 피렌체의 구심점이었다면, 우피치궁은 중앙집권형의 행정 체계를 갖춘 토스카나공화국의 집무실이었다. 이는 피렌체가 강력한 지배력을 지니고 행정 체계를 갖춘 토스카나공화국으로 재정비되었다는 뜻이다. 더구나 1565년에 바사리가 우피치궁에서 베키오 다리, 그리고 강 너머 피티궁까지 공중으로 연결되는 비밀 통로를 설계하면서, 베키오궁과 시뇨리아 광장이 중심이던 작은 도시 피렌체가 아르노강 너머 피티궁까지 확장되어 토스카나공화국의 위상이 높아졌음을 상징적으로 드러냈다. 이는 당시 국가 운영의 중심이 된 지도자의 위치가 시민과는 달리 공중으로, 곧 그들만의 공간으로 분리되었다는 의미이기도 하다.

다빈치는 우피치궁 이전 시대의 인물이고, 갈릴레이는 우피치궁 세대다. 우피치 이전의 메디치 가문은 길드 상인 그룹의 대표로서 시민

▪ 우피치궁에서 베키오 다리, 피티궁까지 공중으로 연결한 비밀 통로는 피렌체의 세력이 아르노강 너머로 확장되었음을 보여준다.

들과 가까웠지만, 우피치 시대의 메디치는 시민과 멀어진 상류 지배 계층이 되었다.

　코시모의 형제이자 피렌체 시민이 가장 좋아했던 로렌초 데 메디치는 고대의 문학과 문화에 관심이 많아서 예술가, 장인, 학자를 항상 가까이하고 교양을 쌓았다. 그는 인문을 부흥시키고 도시를 재건하는 일에 주력했을 뿐 아니라, '문화적 선전'이라는 명목으로 피렌체 예술가를 다른 국가에 파견하는 데 적극적이었다. 외교적 소통과 정치적 이권을 얻기 위해 문화적 재원을 이용했던 것이다.

　1481년 로마와 평화 협정을 맺은 후로 메디치는 많은 예술가를 로

■ 메디치가의 재력과 영향력을 고스란히 보여주는 우피치 미술관. ©위키미디어 커먼스

마에 파견했다. 식스투스 교황이 주도하여 건설하던 바티칸의 시스티나 성당Cappella Sistina에는 피렌체를 대표하는 예술가인 보티첼리, 기를란다요, 페루지노, 시뇨렐리, 라파엘로, 미켈란젤로 등이 파견되어 예술사에 길이 남을 만한 굵직한 작품을 탄생시켰다. 파견된 예술인은 베로키오 공방 출신이거나 함께 일하던 사람이 많았고, 베로키오 역시 피스토이아와 베네치아공화국으로 파견되어 대형 기마상을 제작하는 등 활발하게 활동했다.

그러나 로렌초는 자유분방한 다빈치가 탐탁지 않아서 그 실력조차 인정하지 않았다. 메디치에게 인정받지 못한 다빈치는 예술가 추천 명단에서도 배제되어 돈이 되는 일감을 구하지 못했다. 그래서 자신의 공방을 열고도 스승의 일을 도와야 했고, 물감을 살 형편이 못 되어 노동으로 재료비를 충당하며 작품 활동을 할 정도였다고 한다.

그래서인지 유명한 작품이 넘쳐나는 우피치 미술관에도 다빈치의 작품은 손에 꼽을 만큼 적고, 그나마도 보관상 문제로 보수 중일 때가 많다. 그런데도 다빈치의 초기 작품을 보기 위해 우피치 미술관에 사람들이 몰려드는 것을 보면 역사의 아이러니라 하지 않을 수 없다. 로렌초가 다빈치를 적극적으로 후원했더라면 지금 우피치 미술관에 그

▪ 우피치궁 벽면에는 다빈치(왼쪽)와 갈릴레이(오른쪽)의 조각상이 세워져 있다. ©위키미디어 커먼스

의 작품이 넘쳐나지 않았을까?

　이런 상황은 다빈치가 피렌체를 떠날 결심을 하기엔 충분했다. 후원을 받지 못해 생활은 힘들었지만, 한편으로는 메디치 가문에 종속되지 않았기에 자유로웠다. 덕분에 다양한 분야를 기웃거릴 수 있었고, 좋아하고 관심이 가는 일은 쫓아다니며 배울 수도 있었다. 자신의 재능을 쏟아붓지 못한 배고팠던 시간이 그를 피렌체보다 큰물에서 활약할 인물로 키워준 것이 아닐까.

우피치 미술관: 피렌체에 남긴 천재 예술가의 초기 작품

　코시모 1세가 남긴 과업을 이어받은 프란체스코 1세는 피렌체의 뛰어난 장인을 우피치궁 공사에 참여시켰다. 그들이 장식한 3층 회랑의 천장은 메디치 가문의 희귀한 소장품을 돋보이게 해주었다. 지금도 그렇지만 예전에도 조각과 그림을 보려 방문하는 사람들이 많아 공공 미술관 같았다고 한다. 1765년, 메디치가의 유산을 기증받은 피렌체 시는 우피치궁을 박물관으로 바꿔 가문의 소장품을 일반 대중에게도 공개했다. 이탈리아 통일 이후에는 회화와 조각 등 예술작품만 남겨 미술관으로 사용하고, 다른 소장품은 시내의 주요 건물에 골고루 나눠서 전시 중이다. 피티궁의 팔라티나 미술관, 현대 미술관, 베키오궁, 피렌체 고고학 미술관, 바르젤로 국립미술관, 메디치 저택, 갈릴레오 박물관 등 메디치 가문의 위세는 도시 곳곳에서 확인할 수 있다. 더 이상 존재하지 않는 가문이지만, 피렌체를 덮고도 남을 만큼 많은 문화, 학문, 예술의 흔적이 메디치 가문의 흥망과 관련되어 있다. 흥미롭게도, 많은 소장품 중에서 관람객이 끊이지 않는 곳 중 하나가 메디치가 후원하지 않았던 다빈치의 작품이 있는 우피치 전시실이다.

우피치 미술관에는 빈치의 풍경을 그린 다빈치의 스케치가 있는데, 일반인은 관람할 수 없다. 대신 〈그리스도의 세례Battesimo di Cristo〉(1472~1475), 〈수태고지Annunciazione〉(1472)를 비롯하여 미완성인 〈동방박사의 경배Adoration of Magi〉(1481~1482)는 직접 관람할 수 있다. 미술관 책자에도 큼지막하게 소개된 풍경 스케치는 메디치가의 극장이었던 공간을 개조해 만든 '문서/그림 보관실'에 보존되어 있고, 학술적 용도로만 관람이 허용된다. 벽에 걸릴 만큼 큰 그림일 거라고 상상했는데, 실제로는 노트보다 작은 크기라고 한다.

"1473년 8월 5일, 눈의 성모마리아 날에"라고 쓴 친필 메모 덕에 그림의 제작 연대와 그림이 그려진 상황을 추정할 수 있다. 눈의 성모

■ 풍경 스케치(Santa Maria della Neve, 1473). 이 그림을 연상시키는 빈치 인근의 풍경은 다빈치의 그림 곳곳에 녹아 있다.

마리아 축일인 8월 5일, 다빈치가 고향이 보이는 몬탈바노Montalbano 산악지대에서 풍경을 그린 것으로 보인다. 다빈치가 산에 올라 풍경을 직접 보면서 그렸는지, 아니면 기억 속에 있던 풍경을 조합했는지는 명확하지 않지만, 마음속 깊이 배어 있던 풍경인 것만은 틀림없다. 스케치의 뒷면에 "안토니오의 집에 머물다. 만족스럽다"라고 쓴 메모를 보면 이 그림이 편안해 보이는 이유를 알 것 같다. 그래서인지 빈치의 생가를 둘러볼 때 이 그림을 여러 번 떠올렸고, 다빈치만큼이나 만족스러웠다. 이 풍경은 다른 회화 〈수태고지〉와 〈그리스도의 세례〉의 배경에도 녹아 있을 뿐 아니라 여러 습작에도 반복적으로 등장한다.

　우피치 미술관에 있는 회화 중 〈그리스도의 세례〉는 스승 베로키오의 작품인데, 그리스도의 왼쪽에 앉아 있는 두 천사 중 그리스도의 옷을 들고 있는 천사와 배경을 다빈치가 맡아 그렸다고 한다. 그의 작품

■ 〈그리스도의 세례〉. 다빈치는 두 천사 중 왼쪽의 천사만 그렸다. 그러나 스승 베로키오가 붓을 내려놓게 할 만큼 놀라운 실력임은 분명하다.

이 아니어서 화풍이나 기법을 논할 수는 없지만, 스승 베로키오가 더이상 그림은 그리지 않겠다고 선언했을 정도라고 하니 들여다보게 된다. 비교적 초기 작품이어서 다빈치다움은 덜하지만, 그가 훌륭한 장인이었음은 충분히 드러난다.

■ 〈수태고지〉. 바닥에 그려진 꽃은 식물학자의 스케치만큼이나 자세하고, 뒷배경은 색의 농도와 구도를 활용하고 있다.

〈수태고지〉는 진화 생물학자 리처드 도킨스 Richard Dawkins도 주목한 작품으로, 훗날 다빈치가 날아다니는 기계를 제작하는 시발점으로 거론된다. 인물의 묘사나 구도에 주목하는 비평가도 많지만, 과학적 시각에서 들여다보면 달리 감상할 요소가 많다. 먼저 섬세하고 정교한 다빈치의 관찰력이나 표현력이 눈에 띄는데, 사진으로는 잘 드러나지 않지만 바닥에 흐트러진 꽃은 토스카나 지역에서 흔히 보이는 종으로, 식물학자가 과학 노트에 그린 것처럼 잘 표현해놓았다. 또한 천사 가브리엘의 등에 솟은 날개는 마치 보고 그린 것처럼 생생하다. 날개의 역동성과 배치되는 정적인 천사의 모습이 묘한 긴장감을 불러일으키지만, 새의 날개를 장착한 인간의 비상을 공들여 표현하고 있음을 알 수 있다.

게다가 당시 회화에 도입되기 시작한 원근법을 그림에 충실히 적용

■ 〈동방박사의 경배〉.

했다. 원근의 원리와 빛의 작용에 관심이 많았던 다빈치는 '대기 원근
법'이라는 기법을 배경 묘사에 적용하여 거리감을 입체적으로 표현했
다. 그림의 배경이 되는 풍경이 멀리 떨어져 있는 것을 표현하기 위해
그의 눈과 대상 사이에 대기가 있는 것처럼 흐릿하게 처리했는데, 이
같은 원근의 차이를 만드느라 푸르스름한 색을 더하고 미묘한 색의
차이를 만들어 평면의 그림에 공간이 존재하는 듯한 입체감을 입힌
것이다.

　한편 〈동방박사의 경배〉는 미완성 그림으로, 그리스도의 탄생을 축

복하기 위해 방문한 동방박사 일행이 아기 예수에게 경배를 표하는 장면이다. 미완성이지만 다빈치의 초기 작품 중 최고의 걸작으로 꼽힌다. 1481년 성 도나토Ṡan Ḋonato 수도원에서 교회의 벽을 장식할 그림을 의뢰받을 당시, 다빈치는 스승 베로키오에게서 독립한 후라 일과 돈이 절실했다. 그래서 불리한 계약 조건에도 어렵게 작업을 진행하고 있었다. 그러다가 새로운 후원자를 찾아 밀라노로 가는 바람에, 그림을 완성하지 못했던 것이다.

이 작품을 앞선 시기의 회화와 비교하면, 몇 년 새 그림이 꽤 달라진 것을 알 수 있다. 안정적인 구도를 사용해 인물을 잘 배치했기에, 다양한 인물이 만들어내는 역동적 리듬에도 시선이 흩어지지 않고 그림이 전하는 이야기에 빠져든다. 더구나 다빈치 특유의 스푸마토Ṡfumato 기법이 잘 드러나 성모와 아기 예수가 더욱 신비로워 보인다. 또한 해부학적 구조까지 연구하여 뼈와 근육, 힘줄, 혈관까지 생동감 있게 묘사했기에 등장인물의 다양한 표정을 보는 즐거움이 있다.

1481년 9월경 피렌체를 떠나며 친구 집에 맡겨두었던 미완성의 〈동방박사의 경배〉는 다빈치가 세상을 떠나고 100여 년이 흐른 1621년경 메디치 일가가 구입해 우피치에 소장했다. 로렌초는 눈길조차 주지 않던 작품이어서 버팀틀조차 조악해 보수가 필요했지만, 세월이 흐른 지금은 우피치 미술관의 자랑이 되었다. 결국 메디치 가문은 다빈치의 작품을 인정한 셈이다, 심지어 미완성인 그대로!

2
권위적인 대학에 어울리지 않는 신임 교수

피사 대학의 수학과 교수가 되다

수학에 관심이 많았던 귀족 귀도발도 델 몬테^{Guidobaldo del Monte}는 갈릴레이의 연구를 눈여겨보았고, 여러 분야를 넘나들며 뛰어난 재능을 보인 그를 아껴 든든한 후원자가 되기를 자청했다. 특히 인맥을 이용해 메디치 대공과 만나도록 자리를 만들어주었고, 명망 있는 지식인들의 학술 단체였던 피렌체 아카데미^{Accademia Fiorentina}에 참석할 수 있게 도왔다고 한다.

피렌체 아카데미는 메디치 일가의 지원으로 인문 고전과 수학, 자연철학(과학)에 관심이 많았던 지식인들이 모여 그리스와 로마 시대의 고전을 모국어인 이탈리아어로 번역하고 강연하면서 서로 배우고 토론하는 교양 단체였다. 회원들은 그리스어, 아랍어, 라틴어 등 각기 다른 언어로 기록된 고전을 번역한 후 책으로 편찬하는 일에 앞장섰다. 선인들의 지혜를 모아 정리해서 지식에 굶주린 일반인들이 쉽게 읽고 배울 수 있는 토양을 마련하기 위해서였다.

아버지의 피렌체 카메라타에 익숙했던 갈릴레이는 모임에 쉽게 동화되었고 많은 명망가와 가까워졌다. 책의 기준이 될 표준어를 정하는 문제에 부딪혔을 때, 회원들은 피렌체의 대표 문인인 단테의 글과 말을 그 기준으로 삼았다. 피렌체 시민에게 단테의 위상이 어떠했는지 간접적으로나마 알 수 있다. 그래서 단테의 생애나 말과 글, 작품이 강연 주제로 자주 등장했고, 이곳에서 강연할 기회를 얻었던 갈릴레이도 단테의 작품을 주제로 수학 강연을 했다.

갈릴레이는 단테의 《신곡》뿐 아니라 여러 서적에 나온 단서를 근거로 지옥Inferno의 크기와 위치를 수학적으로 추론하며 청중을 휘어잡았다. 유사한 내용으로 논쟁한 적이 있었던 마네티Manetti와 벨루텔로Vellutello의 설명을 조목조목 반박했고, 증거를 내세워 지옥의 크기를 계산했다. 지구와 지옥의 크기 비율을 이용해 원뿔형 지옥의 중심이 어디로 향하고 있는지도 추론하여 호평을 받았다. 정해진 답이 있는 것은 아니므로 해석하기 나름이지만, 메디치 일가를 비롯해 당대의 명망가와 학자가 가득한 모임에서 좋은 평을 받은 덕분에 토스카나 대공의 추천장을 받아 피사 대학의 수학과 교수로 임용됐다.

갈릴레이는 1589년부터 피사에서 강의를 시작했다. 갈릴레이의 연구는 학계에서 인정받기 시작했고, 강의도 인기를 끌었다. 하지만 권위적인 학교의 풍토에 당당히 반기를 들었고 아리스토텔레스의 이론에 의문을 품었기에 소모적 논쟁이 잦았다. 복장까지 지적받는 등 교수나 학교 당국과는 여전히 껄끄러웠다. 학교에서 받는 보수가 넉넉하지 않았고 아버지를 잃고 혼자 가족을 돌보느라 경제적으로도 어려웠기에, 피사 대학보다 보수가 좋은 직장으로 옮길 기회만 엿보고 있었다.

그러는 중에 베네치아공화국의 파도바 대학에서 연락을 받았다. 그는 피렌체에서 일하고 싶었지만, 아직은 원하는 대로 갈 형편이 아니었다. 나중에 돌아보면, 이는 더없이 좋은 기회였다. 다빈치가 뿌리내리지 못한 도시 피렌체가 다빈치의 이름으로 사람을 모으듯, 갈릴레이가 벗어나려 했던 도시 피사가 갈릴레이 때문에 유명해졌다는 사실은 역사의 아이러니일 것이다.

피사 성당: 수량화로 얻은 객관성 그리고 과학 혁명

피사에서 가장 유명한 장소는 사탑이 있는 미라콜리 광장^{Piazza dei Miracoli}이다. 피사 대학에서 멀지 않은 데다, 성당과 기울어진 종탑, 세례당, 묘지로 구성된 중심가여서 갈릴레이가 많은 시간을 보낸 곳이기도 하다.

피사는 오래된 도시라 소박하고 조용한데, 이곳은 완전히 다른 세상 같다. 우선 성벽 앞에 사람이 너무 많아 놀라고, 정갈하고 정돈이 잘된 광장 내부의 건축물에 또 한 번 놀란다. 갈릴레이가 세례를 받은 산 조반니 세례당^{Battistero di San Giovanni}, 자유낙하 실험을 했다는 사탑^{Campanile}, 진자의 운동 사고실험이 시작된 산타마리아 아순타 성당^{Duomo di Pisa}, 프톨레마이오스의 천구 벽화가 있는 캄포산토 묘지^{Camposanto monumentale}까지, 갈릴레이 하면 떠오르는 많은 일화의 배경이 바로 이 기적의 광장이다.

천체의 이동을 고려해 설계한 동선과 건물 배치로 광장 자체가 달력이 되는 신기한 공간인데, 기울어진 지반 때문에 얼마나 정확한지는 잘 모르겠다. 하지만 광장 내부의 건축물 하나하나가 수학적, 과학

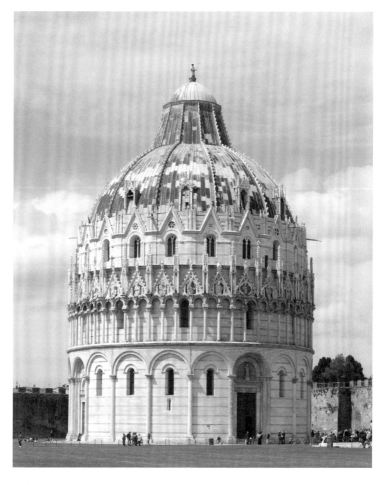

■ 산 조반니 세례당은 건물 자체가 악기와 같으며, 천체의 움직임을 확인할 수 있다. ⓒ위키미디어 커먼스

적 원리로 건축되어 들여다볼 거리가 많으니 갈릴레이에게 잘 어울리
는 공간이 분명하다. 이탈리아에서 가장 큰 규모인 산 조반니 세례당
은 피사가 전성기를 구가하던 1152년에 디오티살비^{Diotisalvi}의 설계로
공사를 시작하여 200여 년 만에 완성했다. 피타고라스 오각형에 내
포된 황금비로 설계된 세례당은 2중 구조의 실린더형 돔 천장과 연결

■ 피사의 사탑은 갈릴레이 하면 떠오르는 가장 유명한 건축물로, 자유낙하 운동을 실험했다고 알려져 있다.

되어 건물 자체가 독특한 공명을 만들어낸다. 그래서 관리인이 정해진 시각에 읊조리는 듯한 이상한 소리로 음향을 확인하는 모습을 볼 수 있다. 로마 건축 양식의 잔재로 보이는 납 장식이 아직도 지붕에 일부 남아 있어 붉은 벽돌과 대비되는 매력이 있다. 더구나 뚫려 있는 창을 통해 천체의 움직임을 확인할 수 있게 배치한 구조는 천문학적 호기심을 자극한다.

광장에 들어서자마자 세례당 입구와 마주하고 있는 성당을 제일 먼저 둘러보았다. 과학책에 자주 언급되는 갈릴레이 램프를 보고 싶어서였다. 피사의 두오모라 불리는 산타마리아 아순타 성당은 1063년 건축가 부스케토Buscheto가 설계한 건물로, 피사의 라이벌 해상 국가였던 베네치아공화국의 산 마르코 성당과 경쟁하듯 지어진 건축물이다.

피사는 시칠리아의 팔레르모Palermo와 비잔틴제국권의 여러 영토를 장악한 후, 전승 기념으로 약탈한 물자를 이탈리아 내륙과 유럽으로 실어 날랐다. 이렇게 해상 무역을 주도하며 세력을 키우면서, 다른 도시처럼 세력을 과시하고 시민의 자신감과 유대감을 높이기 위해 대성당 건설에 동참했다. 팔레르모와 비잔틴제국에서 가져온 전리품으로 성당을 채워서인지, 로마네스크와 고딕 양식으로 치장한 외부와는 달리 내부는 비잔틴 색채로 꽤 이국적이다. 카라라에서 공수한 하얀 대리석 탓에 산뜻하면서도 담백한 멋이 있다.

진자의 주기 운동을 설명할 때 자주 등장하는 갈릴레이의 램프는 성당에는 없고 성당 옆 캄포산토 묘지에 보관되어 있다. 1564년 피사에서 태어난 후 부모님을 따라 피렌체에서 지냈던 갈릴레이가 피사 대학에 온 것은 1581년이었고, 1585년에 학업을 중단하고 피사를 떠났다. 현재 성당에 있는 샹들리에는 1586년에 주문한 것이니, 학생 신분의 갈릴레이가 본 것은 묘지로 옮겨놓은 작은 램프일 것이다. 물론 1589년에 피사 대학에 교수로 부임한 후에는 지금 성당에 있는 램프를 보았을 가능성이 높다. 사실 어떤 램프인지는 중요하지 않다. 그보다는 갈릴레이가 이곳에 앉아 예배를 보았고, 흔들리던 램프가

사고실험의 실마리가 되었다는 역사적 사실이 중요하다.

이 자리에서 갈릴레이는 램프가 규칙적으로 왕복하는 시간은 진자의 폭과는 상관없이 일정하다는 진자의 등시성을 발견했다. 이는 갈릴레이의 뛰어난 관찰력과 사고를 잘 보여준다. 램프가 다시 원래의 자리로 돌아오는 데 걸리는 시간, 즉 맥박의 횟수는 램프가 움직이는 폭을 줄이더라도 비슷하다는 것을 알아냈고, 그 후 무게가 다른 추로 실험을 반복하면서

추의 질량이나 진폭이 아니라 진자를 매단 실의 길이에 따라 왕복하는 데 걸리는 시간이 달라진다는 상관관계도 알아냈다. 이는 과학자 갈릴레이의 위대한 업적 중 하나다. 납 공을 실에 묶어 변수를 바꿔가며 실험한 결과가 그의 마지막 저서 《새로운 두 과학》에 자세히 기록되어 있다.

맥박이라는 리듬을 이용해 운동을 측정했던 객관화의 과정, 다시 말해 추가 움직인 횟수를 시간과 연결했다는 점을 높이 평가할 만하다. 처음에는 간격이 정확하지 않은 맥박을 시간 측정의 기준으로 사용했지만, 나중에는 역으로 진자의 운동을 시간 측정의 도구로 사용할 수 있었다. 드디어 자연의 움직임을 객관적인 측정 값, 즉 수량으

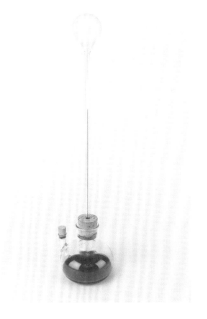

■ 눈이 먼 갈릴레이의 아이디어를 아들과 제자가 받아 적어 만든 설계도(1641)를 바탕으로 제작한 시계 모형(왼쪽)과 갈릴레오의 온도계(오른쪽).

로 기록하는 과학 혁명이 시작된 것이다. 이 원리를 활용하여 갈릴레이는 맥박기를 발명했고, 1637년경에는 진자시계도 만들어냈다.

같은 맥락에서, 온도에 따라 공기와 액체의 부피가 달라지는 현상을 관찰한 후 이를 이용해 온도계를 만들기도 했다. 긴 관으로 연결된 유리공을 뒤집어놓고 주변의 온도에 따라 오르내린 물의 높이로 온도를 확인하는 것이었다. 더구나 가는 관을 타고 올라오는 물의 높이를 재는 아이디어는 그의 제자인 토리첼리가 1643년 수은 기압계를 발명하는 토대가 되었다. 이로부터 2세기가 흐른 후에야 비로소 고정점이 있는 온도계가 만들어졌다는 사실을 보면, 왜 갈릴레이를 근대 과학의 시작점에 두는지 이해할 수 있다.

갈릴레이의 실험은 뉴턴 방정식으로 단진자 운동의 진폭과 주기의 상관관계를 구하면 쉽게 증명할 수 있다. 하지만 기하학으로 운동을 설명하던 시대에, 갈릴레이가 사고와 실험을 반복하여 답을 얻어낸 과정은 뉴턴 이전의 근대 과학이 어떻게 도래했는지 보여준다. 그런 맥락에서 피사는 과학사에서 중요한 도시다.

피사의 사탑: 과학자 갈릴레이의 상징

일반적으로 대성당은 큰 종탑을 옆에 세우는데, 피사의 종탑도 성당과 같이 세워졌다. 기본 석탑에 아치로 멋을 낸 하얗고 단정한 탑은 쓰러질 듯 기울어진 상태로 1,000년을 버티며 피사를 유명 도시로 만들어주었다. 기울어진 탑과 피사를 모르는 지구인이 과연 얼마나 될까! 이 탑의 유명세는 광장의 입구부터 실감할 수 있다. 광장 밖에서는 보이지 않던 관광객들이 잔디 둘레에 빽빽하게 서서 우스꽝스러운 동작으로 사진을 찍는 진풍경을 볼 수 있기 때문이다.

이탈리아 내륙을 관통하는 두 개의 큰 강이 바다로 빠져나가는 길목에 위치한 피사는 강 하류에 쏟아진 퇴적물, 특히 점토와 모래가 쌓이면서 형성된 충적토 평야 지대다. 바다를 향해 시원하게 펼쳐진 전망 좋은 평지이지만, 오랜 세월에 걸쳐 다져진 단단한 퇴적층이 아니라 해안 지역에 급격히 형성되어 지반이 약한 탓에 탑을 세울 때부터 조금씩 땅이 가라앉았다고 한다. 무거운 건물이 땅을 누르면 물이 빠져나가며 지반이 단단해지는데, 지반의 구성이 균일하지 않았는지 한쪽으로 건물이 기울면서 사탑이 된 것이다. 건물이 지어지고 한참 지난 1838년에도 탑 아래쪽에서 물이 쏟아져 나왔다고 하는데, 여전히 탑이 기운 채로 유지되는 것이 신기하다. 이런 땅에 무게 14,453톤

▪ 사탑 꼭대기에서는 미라콜리 광장과 수평선이 한눈에 보인다.

에 높이 56미터에 달하는 거대한 탑을 세운다는 계획 자체가 무리였
지 않았나 싶다. 하지만 쓰러질 듯 기울어진 탑에 갈릴레이의 일화가
더해진 덕분에 피사는 세계적으로 유명한 관광지가 되었다.

탑의 구조는 비교적 단순하다. 비어 있는 중앙을 둘러싼 가장자리
의 나선형 계단을 조심조심 오르면 탑의 가장 높은 곳에 닿는데, 정
상까지 총 297개의 계단을 올라야 한다. 일곱 개의 종이 매달려 있는
전망대에 서면 미라콜리 광장과 마을, 서쪽 바다의 수평선까지 한눈
에 볼 수 있다. 수많은 인파 때문에 빨리 돌아보고 내려와야 하건만,
갈릴레이가 두 물체를 떨어뜨렸다는 지점이 어디인지 상상하느라 머

■ 가운데가 빈 채로 외곽의 나선으로 꼭대기에 갈 수 있게 설계된 사탑의 내부.

뭇거렸다. 정말 갈릴레이가 무게가 다른 쇠 공을 들고 올라갔는지는 확실하지 않지만, 스승을 존경했던 제자 비비아니가 전한 이 이야기가 유명해지면서 피사는 갈릴레이의 도시가 되었다. 이야기의 사실 여부와 상관없이, 갈릴레이의 자유낙하 실험과 과학적 추론은 상징적인 과학 이론이 되었다.

그러나 당시에는 학계의 정설이었던 아리스토텔레스식 사고를 반박하는 논쟁적인 주장에 불과했다. 그래서인지 피사는 갈릴레이가 태어난 곳이고 학문을 시작한 곳이며 처음으로 교수가 되어 학생을 가르친 곳이었지만, 안타깝게도 그를 대학자로 성장시켜주지는 못했다.

지금에야 많은 관광객이 갈릴레이 덕분에 피사를 찾지만, 당시 보수적인 종교 세력이 강했던 피사는 그를 지지하지 않았다. 강력한 후원자가 필요했던 갈릴레이는 파도바의 교수직을 수락하며 미련 없이 피사를 떠났다.

망원경으로 별을 관측했던 베네치아의 종탑, 종 제작에 도움을 준 시에나의 종탑, 자유낙하 실험을 했다고 알려진 피사의 종탑 모두 갈릴레이와 관련된 일화가 있어서 둘러보는 재미가 있다. 《새로운 두 과학》은 자유낙하 운동과 관련된 사고실험과 이론 설명에 여러 쪽을 할애했는데, 갈릴레이를 대변하는 살비아티는 첫째 날 물체의 무게와 낙하 속도의 상관관계를 설명한다.

그는 무게가 각각 100파운드와 1파운드인 쇠 공을 떨어뜨리면 손가락 마디 정도의 오차가 있을 뿐 비슷한 시각에 땅에 떨어진다고 주장했다. 이를 설명하기 위해 제안한 사고실험이 널리 알려져 있는데, 논리적인 추론으로 결과를 예측하고 이를 다시 실험으로 증명하는 과정이 지극히 과학적이다.

아리스토텔레스식 가정에 따르면, 무게가 다른 두 물체가 각각 v_1과 v_2의 속력으로 낙하한다면 무거운 물체가 훨씬 빨리 떨어져야 한다. 하지만 두 물체가 줄로 느슨하게 묶인 상태로 떨어진다면, 무거운 물체는 가벼운 물체 때문에 속력이 늘어지고 가벼운 물체는 무거운 물체에 끌려 빨리 떨어지므로 두 물체가 낙하하는 속력은 v_1(무거운 물체의 속력)보다는 적고 v_2(가벼운 물체의 속력)보다는 큰 사이 값을 가질 것이다.

그런데 줄로 묶인 두 물체를 하나의 덩어리로 보면, 무게는 두 개를 합한 만큼 무거우므로 실상 더 빨리 떨어져야 한다. 즉 최대값 v_1과 최소값 v_2의 사이 값이 아니라 빠른 속력 v_1보다 더 큰 값을 가져야 하므로, 서로 다른 속력으로 낙하한다는 가정은 모순이다.

이 추론으로 갈릴레오는 매질, 즉 공기의 저항이 없다면 모든 물체는 같은 속력으로 낙하한다는 결론을 내렸다. 대화식으로 쓰인 책이라 소리 내 읽다 보면 갈릴레이가 대중 강연을 어떻게 했을지 상상할 수 있을 만큼 생생하다.

이 책에 설명된 갈릴레이의 사고실험은 역학적 에너지 보존의 법칙으로도 설명되지만, 아인슈타인의 일반상대성 이론으로도 설명이 가능하다. 이 사실만 보아도 왜 이 책이 물리학의 기본서인지 이해할 수 있다. 무게가 다른 두 물체의 자유낙하 운동은 이론으로서도 중요하지만, 무엇보다 무거운 물체가 빨리 떨어진다는 직관이나 이를 믿으라고 강요하는 권위에 반기를 든 실험이자 논리적 추론이라는 사실이 중요하다. 그래서 갈릴레이가 과학사에서 중요한 인물로 꼽히는 것이다.

갈릴레이의 자유낙하 실험은 인류가 가장 증명해내고픈 실험이었다. 1971년 7월 26일에 발사된 아폴로 15호 선원들은 7월 30일 달에 착륙해서 여러 미션을 수행했는데, 갈릴레이의 자유낙하 실험도 그중 하나였다. 한 손에는 0.03킬로그램의 매의 깃털, 다른 손에는 1.32킬로그램의 지질 조사용 망치를 들고 동시에 떨어뜨리는 짧은 장면은 지금도 물리학 수업에서 소개되곤 한다. 갈릴레이의 발견을 입증하기에 더없이 적합한 장소가 달이었기 때문이다.

바닥에 떨어지는 장면을 클로즈업한 것이 아니어서 똑같이 떨어졌다고 단정할 수는 없지만 두 물체가 거의 같은 속도로 떨어지는 모습이 포착되었고, 이 장면이 전파되자 지켜보던 과학자들은 엄청난 환호를 보냈다. 영상이 흐리긴 하지만 갈릴레이가 "내 작은 오차"라고 말한 것조차 없는 듯 두 물체가 동시에 떨어지는 장면은 볼 때마다 마음이 설렌다.

　NASA의 진공실에서 진행한 BBC의 실험도 좋은 영상 자료다. 영국 BBC 방송이 오하이오주에 있는 NASA의 우주 발전소를 방문해 제작한 다큐멘터리 영상인데, 진공실의 꼭대기에서 바닥으로 똑같이 떨어지는 깃털과 공의 모습을 생생히 볼 수 있다. 몇 번을 봐도 신기하고 아름답다는 생각이 든다.

망치와 깃털을 떨어뜨리는 우주대원 https://nssdc.gsfc.nasa.gov/planetary/lunar/apollo_15_feather_drop.html

브라이언 콕스가 BBC에서 진행한 실험 장면 https://www.youtube.com/watch?v=E43-CfukEgs

4장

자유,
두 천재를 꽃피우다

1
다빈치에게 날개를 달아준
국제도시 밀라노

밀라노 입성: 다빈치의 자기소개서

상업과 금융으로 성장한 메디치 가문의 피렌체가 인문 고전과 종교를 중시하며 보수적 기치를 내걸고 체제를 정비했다면, 남부 이탈리아와 북유럽을 연결하는 교통과 물류를 통제하며 경제적 이권을 누린 밀라노는 스포르차 가문의 정치적, 군사적 지배 아래 있었지만 지리적, 문화적으로 개방된 도시국가였다. 경제적 부와 막강한 군사력을 지닌 밀라노는 국가의 위상을 높이고 규모를 키우기 위해 다른 도시처럼 정비 사업에 열중했다. 이곳저곳에서 건축 공사가 시작되었고, 국민적 관심을 모으기 위해 국가적 행사도 많이 기획했다.

밀라노 대성당 공사에는 엄청난 수의 기술자와 노동자가 필요했고, 왕궁에서 벌이는 화려하고 사치스러운 행사에 다양한 재능을 지닌 인재가 모여들었다. 늘어난 일거리를 찾아 베네치아, 피렌체뿐 아니라 독일, 프랑스, 플랑드르, 부르고뉴 등의 지방에서 석공, 조각가, 학자,

예술가가 모여들었다. 덕분에 밀라노는 각지에서 온 이민자로 넘쳐났고, 다빈치도 그중 한 사람이었다. 다양한 인종과 문화가 섞여 새로운 것이 창조되고 있었으니, 밀라노가 이탈리아 르네상스의 주요 현장이 된 것은 당연한 일이었다.

지리적 위치 때문에 전쟁이 잦았지만 북유럽과 남부 이탈리아의 통로이기도 했던 밀라노는 다양한 문화와 가치가 유입되고 융합되어 새로운 것이 끊임없이 창조되는 국제도시였기에 다른 내륙 도시와 뚜렷이 구분됐다. 밀라노의 두오모 성당에 그 특색이 잘 드러나서, 북유럽의 고딕 양식과 14~15세기 남부 이탈리아의 로마와 르네상스 양식이 공존한다. 완공까지 오랜 세월이 걸린 탓도 있지만, 도시의 개방적 성향 때문에 여러 양식이 복합적으로 조합된 것으로 보인다. 다른 이탈리아 도시민들은 북유럽의 고딕이나 첨탑 구조를 경시하는 풍토가 있어서 당시에는 야박한 평가를 받았지만, 지금에 와서는 오히려 그 점이 밀라노 두오모의 매력이 되었다.

1481년에 피렌체를 떠난 다빈치는 1482년경에 밀라노에 도착한 것으로 추정되는데, 처음 2년 동안의 기록은 남아 있지 않다. 하지만 다음 해에 〈암굴의 성모마리아La Vergine delle rocce〉(루브르 박물관)를 그릴 때 썼던 계약서에 따르면 적어도 1483년에는 밀라노에 있었음을 알 수 있다. 다행히 그가 남긴 메모 덕에 짐마차에 무엇을 실었고 어떻게 떠나왔는지 알 수 있는데, 그에게서 리라를 배우던 아탈란테와 동행했다고 한다.

그는 이동 거리를 측정하며 여행했고, 피렌체에서 밀라노까지의 거리를 180마일이라고 기록해두었다. 거리를 재기 위해 스스로 개발한 장치를 마차의 바퀴에 설치해서 바퀴의 회전수로 이동 거리를 계산해냈다. 현대에 측정한 피렌체에서 밀라노까지의 거리와 오차가 크지 않다. 고향을 떠나 낯선 도시로 가는 여행도 참 다빈치다웠다.

막상 길을 나서긴 했지만, 삶의 터전이었던 피렌체를 떠나 아무 연고도 없는 밀라노에 정착하기란 쉽지 않았을 것이다. 당시 최고 통치자였던 루도비코 스포르차Ludovico Maria Sforza를 찾아가 일자리를 알아보려고 직접 쓴 자기소개서의 메모를 보면, 피렌체를 떠난 후 다빈치가 생존을 위해 발버둥쳤다는 것을 짐작할 수 있다.

주목할 점은 다빈치가 그림이 아니라 실용적인 분야에 재능이 있다고 자기소개서에 썼다는 것이다. 특히 교량 설계, 공성전 장비 제작, 무기, 요새 설계, 시설 설계와 건축 분야에 경험이 있고 뛰어난 재능이 있다고 했는데, 군사·건축·기술 분야에서 일을 구하려 한 것으로 보인다. 마침 밀라노는 큰 공사가 진행되고 있었고, 인접 국가로부터 도시를 지키고 세력을 확장하기 위해 정부에서 군사 시설과 무기 정비에 많은 돈을 쏟아붓던 상황이었다. 피렌체를 떠날 즈음 다빈치의 관심은 이미 다양한 분야로 확장되었고, 밀라노의 브루넬레스키가 되기 전에는 피렌체로 돌아갈 생각이 없었을 것이다. 다빈치는 실력 있는 피렌체 출신 화가라는 타이틀을 내세우기보다는 자신의 재능과 경력을 어떻게 활용할지 잘 알고 있었다.

그런데 정작 궁중에 초대된 이유는 노래와 악기 연주를 잘해서였다. 예술가나 군사 전문가 같은 실용적 능력을 인정받고 싶었던 그의 바람과 달리, 다방면으로 재주가 많고 사교적이었던 면모가 눈길을 끌었던 것이다. 그는 직접 제작한 리라Lira da braccio를 기막히게 연주하는 악사로 알려졌다. 그런데도 자신이 뛰어난 화가이며 건축·군사·기술 전문가임을 열심히 알렸고, 궁중에 모인 다양한 전문가를 직접 찾아다니며 배웠다.

이렇게 현장에서 부딪히며 고군분투하다 보니 오래지 않아 그림, 공연 기획, 무대 연출, 건축, 군사 자문 등 다양한 분야에서 인정받았다. 결국 밀라노 생활을 마무리할 즈음에는 밀라노의 박식자polymath로서 거장의 반열에 올랐다. 명성에 걸맞게 루도비코와 밀라노의 귀족뿐 아니라 훗날 통치자가 되는 체사레 보르자, 프랑스의 왕 루이 12세가 그의 재능을 인정하고 후원했으며 가까이 두고 자문을 구했다.

메디치의 후원을 받았다면 다빈치는 회화 작품을 더 많이 남겼을지도 모른다. 그랬다면 자유분방한 예술가이자 과학자, 기술자였던 밀라노의 다빈치는 볼 수 없었을 것이다. 이렇듯 다빈치는 르네상스가 꽃핀 두 도시를 넘나들며 자신만의 영역을 구축한 천재였다.

흑사병과 미래 도시

레오나르도 다빈치 과학기술 박물관Museo Nazionale della Scienza e della Tecnologia Leonardo da Vinci은 밀라노 지하철의 암브로조Ambrogio 역에서 조금 걸어가면 나온다. 야단스럽거나 화려하지 않은 입구 앞에는 넉넉한 광장이 있고, 이탈리아의 여타 관광지와는 달리 아이를 동반한 가족들이 오가는 모습을 볼 수 있다. 입구만 보고 규모가 작은 줄 알았는데, 들어가보니 크고 전시물이 꽤 많았다. 다빈치 탄생 500주년을 기념하여 건립한 과학 박물관이지만, 다빈치의 시대나 작품뿐 아니라 과학사 전반에 걸친 다양한 역사 기념물을 전시하고 있다.

이탈리아 전역에는 크고 작은 레오나르도 다빈치 박물관이나 전시관이 있고, 각기 특색이 있다. 그중에서 오래된 수도원을 정비하여 만든 이곳은 과학자 혹은 기술자였던 다빈치의 모습을 보여주는 데 중

■ 밀라노에 있는 레오나르도 다빈치 과학기술 박물관의 정원과 건물.

점을 두고 있다. 특히 그의 습작 노트인 코덱스에 남은 글과 그림을 재구성해 만든 실물 모형을 많이 전시하고 있는데, 2차원으로 설계한 다빈치의 아이디어가 3차원으로 제작되어 있어서 그 작동 원리나 실용성을 살펴보는 재미가 크다. 이 박물관보다 더 잘 꾸민 레오나르도 다빈치 기념관이 있을까 싶을 만큼 정성껏 꾸며놓았고, 붐비거나 전시물에 압도되지 않아서 여유로운 마음으로 관람할 수 있어 좋았다.

코덱스는 책을 만들던 방식의 하나로, 나무나 금속판을 끈이나 금속으로 묶어 제본한 것을 말한다. 다빈치의 노트는 주제별로 묶여 이름이 붙었는데, 그중에서 과학 논문 모음집을 〈코덱스 레스터^{Codex}

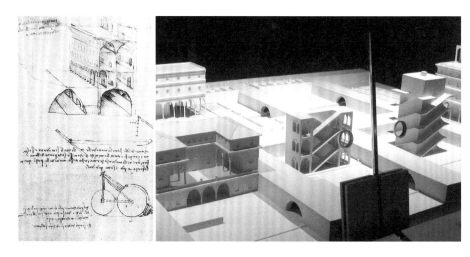

■ 프랑스 학사원에 보관되어 있는 다빈치 노트(왼쪽), 이 노트를 형상화한 것이 박물관의 '이상 도시' 모형(오른쪽)이다.

Leicester〉(〈코덱스 해머〉라고도 한다)라고 한다. 빌 게이츠가 3,000만 달러가 넘는 금액에 사들인 것으로도 유명하다. 다양한 주제를 다루는 〈코덱스 아틀란티쿠스〉와 〈코덱스 아룬델Codex Arundel〉도 있다.

박물관 2층에서 만나는 첫 공간은 다빈치의 '이상 도시'를 모형으로 재현한 전시실로, 마치 건축가 사무실 같다. 설계 스케치, 건물 모형, 3차원 시뮬레이션 영상이 있는데, 다빈치의 상상 속 도시가 참 현대적으로 느껴졌다. 그의 설계가 다시금 주목받는 이유는 전염병으로 많은 사람이 죽어가는 것을 목격했던 다빈치가 도시 위생을 최우선으로 하여 도시를 설계했기 때문이다. 도시 위생과 전염병 문제는 지금은 당연히 고려되어야 할 사항이지만, 산업혁명 이후인 18~19세기에 도시 설계와 건축에서 중요하게 다루어졌다. 그런데 이 설계가 제출된 때가 15세기인 것을 감안하면 다빈치의 발상은 놀라울 만큼 미래적이고 과학적이다.

14세기 중앙아시아에서 시작된 흑사병은 시칠리아에 도착한 무역선을 통해 퍼진 것으로 추정되는데, 무역이 활발했던 베네치아에서 유럽 전역으로 퍼져 막심한 피해를 입혔다. 전 유럽을 휩쓴 흑사병은 한 번에 그치지 않았고 그 후로도 국지적으로 유행하면서 18세기까지 위세를 떨쳤다. 다빈치가 피렌체를 떠나기 전인 1479년에 잠시 피렌체에 흑사병이 퍼져 많은 사람이 희생되었는데, 다빈치가 밀라노에 도착하고 2년 남짓 지난 1485년에 또다시 전염병이 돌았다. 거의 2년간 밀라노를 휩쓸며 시민 3분의 1의 목숨을 앗아갔다고 하니, 그 피해가 얼마나 심각했는지 알 만하다.

밀라노에 도착하고 기록이 없던 2년간 사람이 붐비는 도시를 떠나 교외에 숨어 지낸 것으로 추정하는데, 학자들은 다빈치가 연구에 빠져 바빴을 것이라고 추정한다. 특히 전염병으로 죽어가는 사람과 병의 증상을 직접 관찰하고 실험하면서, 병의 원인과 예방법을 고민했다는 것이다. 구체적인 연구 방법이나 결론이 기록으로 남아 있지는 않지만, 고통스러운 인간의 표정과 해부된 인체를 그린 스케치, 1487년의 '이상 도시' 설계도가 그가 어떤 결론에 도달했는지 가늠하는 단서라고 본다.

이탈리아의 도시마다 공사가 진행 중이고 도시 계획에 따라 도심의 구조와 형태가 바뀌던 시기였다. 당시 도시 기반을 설계하고 건축하는 일은 장인과 공방의 몫이었다. 도시의 대형 건축물과 화려한 내부 장식은 국가의 위상과 직결된 문제였지만, 일을 담당한 장인과 공방에는 생존의 문제였다. 그래서 많은 예술가들이 공방에서 그림이나 조각뿐 아니라 건축의 기초 지식과 기술도 함께 배웠다.

거장들의 놀이터 같은 피렌체에서, 그것도 최고의 공방에서 교육받은 다빈치는 도시의 틀을 잡고 건축의 형태를 정하는 것이 얼마나 중요한지 보고 자랐다. 그러니 이제 막 성장하는 밀라노를 자신의 도시로 만들고 싶었을 것이다. 더구나 당시 장인들 사이에서는 유토피아적 세상을 상상하고 표현하는 것이 유행이었다고 하니, 밀라노의 브루넬레스키가 되기 위해 자신을 단련시켰을 법하다. 그가 남긴 여러 장의 지도를 보면, 밀라노 주변 지역을 면밀히 분석하고 산의 형상과 강의 구조에 많은 관심을 쏟았다는 것을 알 수 있다. 지형을 파악하고 지세를 분석한 다빈치는 이탈리아 북부와 스위스를 가로지르는 티치노 강변에 도시를 세우는 것이 이상적이라고 여겼다. 그 결과, 이곳에 인구 3만 명 이상을 수용하는 개방적이고, 기하학적이며, 효율을 우선한 도시의 청사진을 그렸다.

그의 설계에서 가장 중심이 되는 요소는 '물, 공기, 사람의 자유로운 순환'이다. 이러한 발상은 전염병을 관찰하고 분석하면서 고민한 결과와 연결된다. 이를 위해 다음과 같이 설계했다.

첫째, 건축물을 대부분 3층으로 구상했다. 시민들이 거주하고 지나다니는 길은 깨끗하고 공기가 잘 들어야 하기에 위층에 배치했고, 운송이나 상거래 등은 아래층에서 이루어질 수 있도록 구분했으며, 보행길은 개방형 통로로 만들어 자연스럽게 다니도록 했다. 층은 분리하되 나선형 계단을 설치해 위아래로 오갈 수 있도록 했고, 건물 천장에도 구멍을 설치해 공기가 순환되도록 했다.

둘째, 강물을 적극적으로 활용하기 위해 곳곳에 운하를 파서 수량을 조절하고 필요한 곳으로 물을 끌어갈 뿐 아니라 운송에도 사용하도록 계획했다.

마지막으로 가장 눈에 띄는 점은 배수구나 하수관을 운하와 분리하고 먹는 물과 버리는 물을 구분하여 위생에 신경 썼다는 점이다. 이에 더해 화장실 개선안도 제안했으니, 앞선 생각이 아닐 수 없다. 도시 곳곳에 수로나 운하를 설치하기 위해 밀라노의 지형이나 티치노강의 흐름을 관찰하고 여러 번 사고실험을 거쳤다고 하는데, 수백 년 후인 지금에야 너무나 당연한 것이지만 당시에는 어떻게 받아들여졌을지 궁금하다.

아쉽게도 스포르차 궁전을 정비할 때는 그의 설계가 받아들여지지 않았지만, 훗날 피렌체 운하 프로젝트나 군사용으로 제작된 지도, 인체 내부의 혈액 순환 연구 등을 보면, 이상 도시를 설계할 때 고려했던 여러 요소가 발전되어 각 상황에 적절하게 활용된 것을 알 수 있다.

악사 다빈치, 리라 연주와 수수께끼

당시 이탈리아에서는 흔한 일이었는지 모르지만, 다빈치와 갈릴레이는 그림뿐 아니라 음악에도 조예가 깊었다. 악기는 장인이 빚어낸 예술품이자 음악의 도구이지만, 한편으로는 수학이나 과학적 원리를 따져 정교한 기술로 소리를 빚는 도구이므로 두 사람이 관심을 가질 법하다.

그래서인지 과학기술 박물관의 한 구석은 악기로 가득했다. '과학관에 악기라니' 싶다가도, 밀라노가 음악의 도시이며 유명한 악기 공방이 가까운 도시 크레모나에 있다는 사실이 떠올라 그러려니 하게된다. 사실 음악 제작과 연주에서 과학과 기술은 떼어놓을 수 없는 부분이다. 그런데 밀라노에 입성한 다빈치가 악사로 궁중에 들어가 궁중 연회를 기획하며 필요한 악기를 제작하고 곡을 창작한 것도 밀라노만의 풍토가 한몫했을 것으로 보인다.

다빈치는 공방에서, 갈릴레이는 가정에서 음악을 배웠지만, 두 사람 모두 생활 속에서 음악을 즐겼고 사고에 음악이 녹아 있었다. 화음과 조화에 관심이 많았던 다빈치는 곡을 만들고 악기를 제작하고 연주하며 즐겼고, 갈릴레이는 악기를 연주할 때 관찰되는 소리의 과학적 현상에 매력을 느꼈다. 두 사람 모두 음악보다 회화가 높은 경지의 예술이라고 입을 모았지만, 음악을 소비하는 일에는 진심이었다. 다만 음악적 재능이 발전했던 방향이 달랐을 뿐이다.

다빈치가 독보적이었던 이유는 악사로서도 훌륭하지만, 음악의 수학적, 과학적 원리를 스스로 터득하여 악기를 제작한 장인이자, 극에 맞는 곡을 창조하는 예술가였기 때문이다. 밀라노의 박물관에서는 다빈치가 설계한 악기의 모형과 공방에서 제작된 다양한 악기를 관람할 수 있다.

그런데 정작 그가 만들어 연주했다는 리라 모형은 서울에서 열린 전시회에서 보았다. 흡사 전자기타를 연상시키는 금속 소재의 리라(일종의 바이올린)였는데, 헤비메탈 그룹의 악기로 보일 만큼 현대적이고 파격적이었다. 그의 노트에 있는 스케치를 보면 리라에 은빛 용 머리 모양(조르조 바사리는 말의 두개골 모양이라고 하였다)의 장식을 붙였다. 바이올린과는 달라서 눈길이 갔다. 밀라노 박물관의 악기 전시실에서 이 멋진 리라를 보지는 못했지만, 다빈치가 설계한 자동 드럼, 북, 피아노의 전신인 비올라 오르가니스타, 리코더같이 생긴 악기 모형을 보았다. 악기를 제작하는 일은 음악적 소양은 물론이고 소리에 대한 이해와 기술이 없다면 불가능하다. 다빈치의 르네상스인다운 면모가 돋보이는 지점이다.

당시에는 바이올린이나 기타의 구체적인 형태가 잡히기 전이라 그

전신이던 리라나 류트를 연주했을 텐데, 다빈치가 언제 연주를 배웠는지는 명확하지 않다. 다만 숙식까지 해결했던 공방에서 여러 동료와 어울려 지내며 익혔을 것으로 보인다. 세련되고 사교적이었던 다빈치는 연주에 재능이 있었지만, 생계를 위해서라기보다 진정으로 음악을 즐겼던 것 같다. 연주, 제작, 작곡은 부단한 노력과 이해가 필요한 전문 분야다. 이 모든 과정을 다 잘하기는 쉽지 않은 일인 만큼, 다빈치가 당시 최고 통치자의 눈에 든 것을 보면 그 실력을 짐작할 수 있다. 음악, 수학, 과학, 기술이 세분화되기 전이라고 해도, 다빈치의 통합적인 지능과 재능은 대단한 것이었다. 무엇보다 그는 궁금하면 배우고 생각해서 이해되면 스스로 설계하고 만들어서 즐겼다.

다빈치를 "신이 도와주는 사람"이라며 칭송하고 존경했던 조르조 바사리는《르네상스 미술가 평전》에서 다빈치에 관한 일화를 소개하며 찬사를 아끼지 않았다. 다빈치가 연주하는 모습을 "기품 있는 천사"와 같은 모습이었다거나, 궁전에 모인 어떤 악사보다도 뛰어났다고 묘사한 것이다.

갈릴레이가 아버지의 음향 실험실에서 실험하며 자랐듯이, 다빈치는 현이 내는 음을 분석하며 수없이 많은 실험을 거쳤다. 비례의 원리에 따라 화음과 불협화음을 찾거나 만들기를 즐겼고, 음의 리듬에서 이미지를 찾으려고 했을 뿐 아니라 음악적 리듬을 그림에 살려보려고 했다. 심지어는 악보를 활용해 게임을 즐겼다. 다빈치의 신비한 이미지 때문인지, 〈최후의 만찬〉에 등장하는 각 인물의 동작이 음악적 리듬과 화음을 형성한다고 해석하는 사람이 있을 정도다.

처음에는 연주하고 즉흥시를 노래하는 악사였겠지만, 훗날 궁정에서 공연을 기획하고 연회를 총괄했다. 특히 획기적인 무대와 연출로

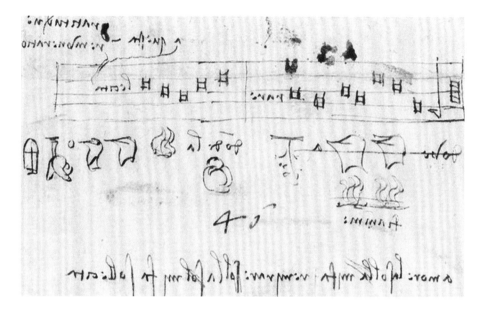

■ 악보를 활용한 수수께끼 문제(Rebus di Leonardo da Vinci, 1487~1490), folio 12692r (영국 윈저성 왕립 도서관 소장).

행사를 돋보이게 한 것으로 유명한데, 자동으로 움직이는 사자까지 등장시켜 프랑스 국왕의 찬사를 받았다고 한다. 무대에서 연주하는 곡도 많이 만들었을 텐데, 주로 즉흥 연주였는지 악보로 남아 있는 곡은 없다. 다만 연회에서 즐기는 수수께끼를 만드느라 활용한 악보가 남아 있다.

파비아 도서관: 인생의 책을 만나다

밀라노에 머무는 동안 다빈치는 건축과 기계뿐 아니라 우주와 인체, 하늘을 나는 방법과 비행체 등으로 관심사를 넓혔고, 열심히 관찰하고 실험하고 배우면서 지적으로 많은 발전을 이루었다. 특히 건축 자문단으로 파비아에 방문했을 때는, 도서관에 소장된 희귀 도서에 매료되어 6개월이 넘도록 독서에만 전념했다고 한다. 물론 몇 달이고 도서관에 머문다고 곧바로 지적 도약이 이루어지는 것은 아니다. 수많은 경험이 쌓이고 생각하고 성숙하는 시간이 더해진 탓이겠지만, 도서관에서 살다시피 한 6개월간 많은 자극을 받았을 것이다.

1490년 6월경, 다빈치는 당시 가장 유명한 건축가였던 프란체스코 디 조르조 마르티니Francesco di Giorgio Martini와 함께 밀라노 인근의 대학 도시 파비아를 방문했다. 마르티니가 루도비코의 추천으로 파비아 대성당의 공사를 감찰하고 자문하는 일에 다빈치가 동행한 것이다. 다빈치도 장인의 자격으로 초청되었지만, 마르티니를 돕는 정도였다. 그러나 다빈치에겐 기꺼이 갈 만한 이유가 있었다. 다빈치는 건축에 관심이 많았고 궁금한 것이 있으면 누구라도 찾아가 조언을 구했기에, 밀라노 두오모의 첨탑 공사를 맡은 책임자이며 건축뿐 아니라 수학과 공학 분야에서 당대 최고의 전문가였던 마르티니와 함께 하는 파견 근무를 마다할 이유가 없었다. 더욱이 장서가 많기로 소문난 파비아 도서관에서 책을 마음껏 읽을 수 있었기에 기대가 컸을 것이다.

1360년경에 세워진 파비아 도서관은 비스콘티 가문의 성 내부에 있는 시설로, 귀한 고전 필사본과 장서가 많아 외국에서도 학자들이 방문할 정도였다. 자연철학, 의학, 문학, 법률 분야에서 자유로운 학풍을 이어가던 파비아 대학은 파비아 도서관과 밀라노에 인접해 있으며, 14~15세기 밀라노 르네상스의 학문적 배경이 된 곳이다. 훗날 다빈치는 해부도를 그리기 위해 마르칸토니오 델라토레 교수의 해부학 수업에 참여한다. 파비아 대학의 학생도, 교수도 아니었지만, 어느 정도는 이 대학의 영향을 받았을지도 모른다. 파비아가 프랑스에 점령되었을 때 도서관의 장서는 파리로 실려갔고, 현재 비스콘티궁은

■ 비스콘티궁 내부의 파비아 도서관에는 귀한 책이 많았다. 지금은 시립 박물관으로 사용되고 있다.

시립 박물관으로 사용되고 있어 옛 도서관의 정취는 찾을 수 없다.

다빈치는 이곳의 장서를 마음껏 볼 수 있었는데, 특히 건축에 관심이 지대했던 마르티니와 함께 당시 파비아 도서관이 소장한 고대의 건축가 비트루비우스^{Marcus Vitruvius Pollio}가 쓴 《건축십서^{De Architectura}》의 필사본(14세기 판본)을 읽었다고 한다. 도서관에는 다빈치가 꼭 읽어야 할 책 목록에 넣어놓았던 폴란드 과학자 비텔로니^{Vitellonis}의 《광학^{Thuringopoloni opticae}》도 있었다. 마침 마르티니가 《건축, 공학, 전술에 관한 논문^{Trattato di Architettura Civile e Militare}》을 집필 중이어서 다빈치는 책을 읽고 글을 쓰는 과정을 가까이에서 지켜보았다. 마르티니는 라틴어를 모르는 사람도 쉽게 읽을 수 있게끔 이탈리아어로 쓰고 삽화를 그려 넣어 이해를 도왔다. 다빈치가 '비트루비안 인간uomo vitruviano'이라는 인체도를 그린 것을 보면, 마르티니의 책에 실을 삽화를 그렸을 수도 있다. 그때 쉬운 모국어로 기록한 대가의 노트가 얼마나 가치 있는지 깨닫고, 고문서를 막힘 없이 읽어내는 마르티니의 전문성에도 자극받았을 것으로 추정된다.

■ 비트루비우스의 《건축십서》 1543년 본 표지.

스스로 터득한 체험의 진리가 더 소중하다고 여긴 다빈치는 체계적인 학습, 즉 라틴어, 수학, 고전 인문학 같은 기초 소양의 중요성을 깨달았다. 밀라노에서 작성된 다빈치의 코덱스에는 독학으로 라틴어를 익히고 수학책을 읽느라 애쓴 흔적이나 푸념이 여기저기에 남아 있다. 다빈치는 스스로 깨우쳐 라틴어 책을 읽었고, 소장 도서와 읽어야 할 책 목록이 점점 늘었다. 나중에는 천문학, 건축학, 수학, 지리학, 광학뿐 아니라 정치학이나 자연철학까지 주제를 넓혔다. 이를 보면 다빈치의 학습 능력 역시 뛰어났음을 미루어 알 수 있다.

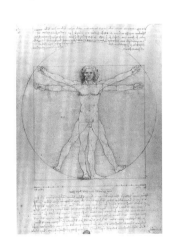

■ 아카데미아 미술관Gallerie dell'Accademia이 소장하고 있는 레오나르도 다빈치의 '비트루비안 인간'

파비아에서 어깨너머로 보았던 마르티니의 책을 얼마나 갖고 싶어 했는지, 마르티니가 죽은 후에 그의 손때와 필체가 그대로 남은 책을 손에 넣기 위해 애썼다고 한다. 그리고 다빈치가 죽는 날까지 가지고 있던 몇 안 되는 개인 소유물 중 하나가 마

■ 비텔로니의 《광학》

르티니의 책이었다. 다행히도, 이 책은 다빈치의 유일한 책 유품으로 토리노 왕립 도서관에 소중히 보관되어 있다. 파비아에서 보낸 몇 개월이 얼마나 소중한 경험인지, 그리고 마르티니가 어떤 스승이었는지 알 수 있는 대목이다.

다빈치는 파비아에 다녀온 후로 원근법에 대한 심도 깊은 사색을 정리해 논문을 집필했다. 그러나 생전에는 출간되지 못했고, 먼 후대에 재편집되어 《회화론》으로 출간되었다. 이 시기에 다빈치는 기술적 예술에서 교양의 예술, 즉 자연철학 이론으로 사고를 키워가고 있었다. 회화용 빛과 그림자에서 시작된 그의 연구는 광학을 연상시키는 수학, 과학 영역으로 확장되었고, 인간의 안구와 뇌의 해부학적 구조까지 넓은 스펙트럼을 아울렀다.

그렇게 사고가 확장된 덕분에 그림도 달라졌다. 밀라노에 돌아온 후 제작한 다빈치의 그림은 설계와 구도, 채색에 이르기까지 배우고 터득한 모든 지식을 쏟아부어 한층 진화한다. 치밀한 과학적 계산이 그림의 예술적 가치를 떨어뜨린다고 여기는 사람도 있지만, 그의 그림은 이미 높은 예술적 수준에 이르렀기에 과학적이라서 예술적으로 떨어진다는 생각은 사치일 것이다. 이렇듯 관심과 호기심이 여러 분야로 확산되면서 회화 작업은 더 늦어졌다. 30대 후반에서 40대로 접어들면서 다빈치는 이미 화가를 넘어서 새로운 거장으로 성장해 있었다.

- 프란체스코 디 조르조 마르티니(왼쪽). 《건축, 공학, 전술에 관한 논문》 일부(오른쪽).

파라고네: 변화와 논쟁의 경연장

밀라노에서 10여 년을 머문 다빈치는 회화에 한해서 최고의 칭송을 받는 장인의 범주를 넘어섰다. 처음에는 그림을 잘 그리고 싶었겠지만, 그의 탐구와 지적 호기심, 문제 해결 방법은 남달랐기에 그 과정에서 스스로 깨우쳐 넓어진 시야와 지식은 일반인의 수준을 넘어섰다.

당시 궁전에서는 예술가, 학자, 상인, 귀족, 관리 등이 모여 토론하고 논쟁하고 서로 새로운 것을 소개했는데, 이런 크고 작은 모임과 행사가 르네상스의 기폭제가 되었다. 신분과 지위를 뛰어넘어 각 분야를 대표하는 사람들이 참여한 논쟁을 파라고네Paragone라고 한다. 이 논쟁의 주요 목적은 문화, 언어, 지식이 충돌하는 장에서 변화와 융합을 일으키는 것은 물론이고, 전문가와 후원자가 자유롭게 만날 공간을 마련하는 것이었다. 파라고네 경연장에서 인상적인 주장을 펼치며 토론을 주도했던 예술가, 특히 회화의 우수성을 강조한 최고의 장인이 바로 다빈치였다.

〈최후의 만찬〉을 막 마무리한 1498년 2월, 스포르차 성에서 열린 행사에는 회화를 대표하는 거장으로 다빈치가 초청되었다. 다빈치는 회화가 관찰된 사물을 복제해서 보여주는 기교가 아니라 과학, 철학, 창의적 가치를 지닌 교양 예술이라고 주장하며 토론장을 달구었다. 그림에는 수학적 이론과 과학적 요소, 미학적 표현뿐 아니라 창의적 해석 혹은 상상력이 포함되어 있으니, 시, 조각, 음악, 수학보다 더 심오한 종합예술로 평가받아야 한다는 주장이었다. 그는 광학과 수학적 근거를 끌어와 자신의 주장이 타당하다는 것을 구체적으로 증명했고, 회화에 펼쳐진 무한 상상력의 힘을 강조하며 청중의 압도적인 호응을 이끌어냈다. 더구나 음악의 화음과 조각 작품에 표현된 리듬이 그림에서 어떻게 더 유려하게 표현되는지 일일이 비교하며 설명했는데, 《회화론》에서 이 논쟁의 주요 쟁점을 찾아볼 수 있다.

현재의 지식 수준에서 보면 당연해 보이거나 동의할 수 없는 부분도 있지만, 당시에는 매우 과학적인 사고방식이었다. 현장에 있었던 당대의 유명 수학자 루카 파치올리는 다빈치를 "기발한 건축가이면서 기술자이고 훌륭한 발명가"라고 높이 평가했다. 이 만남이 계기가 되어 다빈치는 파치올리를 궁전 수학 교수로 추천하고, 그는 다빈치에게 수학과 원근법을 가르쳐주었다고 한다. 둘은 오래도록 교류했고, 파치올리는 1509년 출간한 《신성 비례》에 다빈치가 그린 기하학 도형을 실었다.

파라고네 논쟁에 참석한 의사와 학자들도 다빈치의 토론과 강연을 칭찬한 것으로 보아, 다빈치는 이미 예술가의 벽을 허물고 있었다. 회화의 지위를 높이려는 의도로 논쟁에 등판했지만, 이 무대는 그가 모든 분야를 섭렵한 천재이자 거장으로 인정받는 시발점이 되었다. 훗날 다빈치가 피렌체에서 미켈란젤로를 만났을 때, 조각이 예술 중 최고라고 믿는 이 새로운 천재는 다빈치를 경멸하며 당돌하게 도전장을 던진다. 두 대가의 파라고네 논쟁은 훗날 '벽화 배틀'로 이어지는데, 이 소식은 순식간에 전 유럽으로 퍼졌고 그들을 추종하는 많은 예술가와 후원자를 흥분시킨 일대 사건이 되었다.

세월이 한참 흐른 뒤, 또 다른 천재가 나타나 회화가 최고라며 이 논쟁에 뛰어든다. 그가 바로 음악, 미술뿐 아니라 수학, 과학에도 뛰어났던 학자 갈릴레이였다. 다빈치처럼 다방면에 재능이 많았던 갈릴레이는 그림도 잘 그렸다. 그가 직접 그린 달 표면만 보아도 관찰력과 원근에 대한 이해가 뛰어나며 재능이 많은 것을 알 수 있다. 더구나 갈릴레이는 어릴 적부터 유명한 화가와 친분이 많았고 회화 감상도 즐겼다.

이렇듯 르네상스는 장인, 학자, 시민과 후원자가 자유로운 토론을 통해 각 분야의 경계를 명확히 하고 전문성을 확립하던 흥미로운 시기였다.

암브로시아나 도서관: 과학자의 노트, 〈코덱스 아틀란티쿠스〉를 만나다

두오모 광장 가까이에 있는 암브로시아궁의 일부는 산 세폴크로Chiesa San Sepolcro 교회, 또 다른 일부는 암브로시아나 도서관Biblioteca Ambrosiana 암브로시아나 미술관Pinacoteca Ambrosiana 으로 사용되고 있다. 이 도서관은 밀라노의 추기경이었던 페데리코 보로메오Federico Boromeo가 로마를 여행한 후 세계 곳곳의 귀한 책과 문서를 수집하여 만든 개인 도서관이었다. 그는 개신교에 맞설 가톨릭 학자를 양성하기 위해 1609년에 밀라노의 성인 암브로시우스의 이름을 따온 도서관을 열어 개인이 소장한 문서를 대중에게 개방했다. 유럽, 시리아, 그리스뿐 아니라 인도, 중국, 일본, 아랍 같은 다양한 나라에서 사들인 책자와 인쇄물이 가득했고, 과학, 종교, 예술은 물론이고 고전까지 다방면의 책이 소장되어 있어서, 영국의 보들리언 도서관Bodliean Library의 뒤를 잇는 공공 도서관으로 자리매김했다. 갈릴레이가 "독보적인 불멸의 도서관"이라고 평가했을 정도였으니, 수집한 자료가 얼마나 많고 방대했는지 짐작할 수 있다.

수집한 미술품도 많아서 건물의 일부는 미술관으로, 일부는 학습

▪ 암브로시아나 도서관. 방대한 문서를 수집한 개인 도서관으로, 〈코덱스 아틀란티쿠스〉를 소장하고 있다.

관으로 확장했고, 지금도 전시실과 아카데미, 열람실로 사용하고 있다. 보로메오의 사후에도 명성을 유지하며 귀한 서적과 많은 예술가의 작품을 수집했다. 라파엘로의 〈아테네 학당〉 밑그림, 카라바조Caravaggio의 〈과일 바구니Canestro di Frutta〉, 다빈치의 〈음악가의 초상Ritratto di Musico〉 등 유명한 화가의 작품도 꽤 있어서 그림을 보러 오는 관람객이 많다.

그중에서도 이 도서관의 진정한 보물은 복사본이 아닌 다빈치의 친필 노트, 특히 기구나 장치를 그린 〈코덱스 아틀란티쿠스〉다. 메모광이었던 다빈치는 관찰한 것부터 자질구레한 정보, 머릿속을 가득 채운 생각까지 늘 허리춤에 차고 다녔던 노트에 꾸준히 기록했다. 독특한 필체 덕에 알아보기 힘들고 잘 정리된 것은 아니지만, 가치 있는 정보가 많다. 그에게 영향을 미친 브루넬레스키나 마르티니 모두 노트를 소지하고 어디서건 기록했던 것으로 유명한데, 여러모로 다빈치와 겹쳐 보인다.

그런데 다빈치의 노트는 규모부터가 남다르다. 너무 양이 많아 책으로 정리할 수도 없었고 이사 갈 때마다 따로 마차에 싣고도 넘칠 정도였다. 모든 내용이 심오하게 과학적이고 기술적이고 예술적인 것은 아니며, 어떤 건 일기 같고, 어떤 건 가계부나 장부 같다. 또 읽을 책 목록, 질문할 거리, 건축물 습작, 사건의 기록, 보통 사람들의 표정, 동물의 몸짓, 물과 불의 형태, 하늘 등 일상적인 것에서 신기한 정보까지 굉장히 다양하고 범위가 넓다. 그래서 이 노트는 천재 다빈치의 생각과 아이디어를 엿보는 소중한 자료이자, 그의 삶을 추정할 수 있는 근거가 된다.

사실 다빈치는 방대한 기록을 정리해 책으로 만들려고 노력했지만,

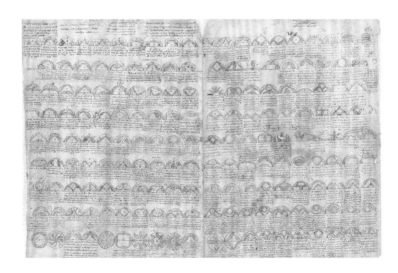

▪ 〈코덱스 아틀란티쿠스〉, folio 455r.

여기저기 옮겨 다닌 데다 관심 분야도 넓어서 그럴 수 없었다. 1519년 다빈치가 세상을 떠난 뒤 모든 자료는 동반자이며 제자였던 프란체스코 멜치Francesco Melzi에게 넘어갔다. 그는 스승의 노트를 잘 정리해 책으로 출간하고 싶었지만 혼자서 정리하기에는 노트의 양이 너무 많았고, 다빈치의 생각을 온전히 이해하지도 못했다. 1570년에 멜치가 사망하면서 그의 아들 오라치오Orazio가 모든 유품을 상속받았다. 그러나 유품의 가치를 몰랐던 오라치오가 책을 뜯어서 나눠주거나 팔아버리면서 다빈치의 원고나 그림이 여기저기 흩어지거나 사라졌다.

여기저기 돌아다니던 노트가 다빈치의 것임을 알아본 조각가 폼페오 레오니Pompeo Leoni가 노트를 사들이자 세간의 관심이 노트에 쏠리기 시작했다. 레오니가 찾아낸 노트를 모아 스페인 국왕에게 팔려 했지만 실패하고 피렌체로 다시 가져온 것이 〈코덱스 아틀란티쿠스〉다. 스페인에 남아 있던 코덱스 중 일부는 다시 사라졌고, 일부는 영국이나 프랑스 또는 개인에게 흘러들어갔다.

레오니는 지도첩을 만드는 방법으로 코덱스를 만들었는데, 가로 64.5센티미터, 세로 43.5센티미터의 종이 위에 일정하지 않은 모양의 낱장 노트 1,222장을 하나씩 붙여 이를 묶었다. 이는 당시 지도 제작에 흔히 사용되는 방법이어서, 지도를 뜻하는 아틀라스^{atlas}라고 부르는 것이다. 레오니가 간직하고 있던 코덱스는 그가 죽은 후에야 세상으로 나왔다. 레오니의 유산에서 다빈치의 코덱스를 찾아낸 아르코나티^{Marquis Galeazzo Arconati}가 코덱스를 모두 구입해 소장하고 있다가 훗날 암브로시아나 도서관에 기증했다.

■ 〈코덱스 아틀란티쿠스〉 표지(암브로시아나 도서관 소장).

문제는 코덱스의 상태였는데, 다빈치가 노트를 쓴 지도 500여 년이 훌쩍 넘었고 보관 상태가 열악해서 심하게 훼손되었다. 사용한 종이가 그때그때 달라서 크기나 재질도 같지 않고, 덧대어 붙이는 과정에서 사용한 접착제와 종이도 원본 메모에 영향을 미쳐 습기, 벌레, 빛, 곰팡이에 더 취약했던 것으로 보인다.

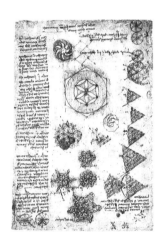

■ 〈코덱스 아틀란티쿠스〉, folio 459r.

밀라노와 이탈리아 정부는 1968년부터 대대적인 보수 작업을 진행했다. 처음에는 편집한 묶음 그대로 추가 훼손을 막기 위해 조치를 취했지만, 최근에는 묶음을 풀어서 특수한 유리 틀에 낱장으로 하나씩 보관해놓았다. 그중 일부를 도서관의 페데라치아나 룸^{Sala Federiciana}에서 직접 볼 수 있다. 과학기술 분야의 노트라 내용은 딱딱할 수 있지만, 다빈치의 글과 그림이 함께 더해져 아름다운 과학 노트라는 평이 어색하지 않다.

현재는 과학기술의 발전 덕분에 밀라노에 가지 않아도 온라인상에서 노트를 볼 수 있다. 도서관에서는 유리 틀에 들어 있는 코덱스를 눈으로만 감상해야 하고, 전시해놓은 낱장 외에 전권은 볼 수 없다. 그런데 2019년에 암브로시아나 도서관에서 1,119장에 달하는 모든 노트의 이미지를 데이터로 저장해 어디서건 검색해서 볼 수 있도록 웹 사이트를 만들었다. 비록 책이나 논문이 되진 못했지만, 자신의 글과 그림을 어디에서든 볼 수 있다는 사실이 다빈치에게 위로가 되길 바란다.

암브로시아나 도서관에서 다빈치의 코덱스를 볼 수 있다.
http://codex-atlanticus.ambrosiana.it/#/

솔개 그리고 우첼로: 하늘을 나는 상상

다빈치는 새와 관련된 기록을 많이 남겼다. 새는 그의 생각이 확장되는 과정을 가장 잘 보여주는 소재다. 그는 어려서부터 빈치의 상공에 떠 있던 솔개와 숲속의 새에게서 강한 인상을 받았다. 초기에는 새의 날개와 비상하는 동작을 사실적으로 표현하는 데 공을 들였는데, 점차 사람의 날개 혹은 비행체에 대한 관심과 설계로 사고가 발전되었다. 다빈치가 비행 문제를 해결하기 위해 바람이나 공기의 역학, 유체역학적 탐구와 실험을 하는 과정은 상당히 흥미롭다.

1490년경 밀라노 시기에 작성된 다빈치의 메모를 보면 비행으로 사고가 확장된 것을 확인할 수 있다. 날개의 위아래로 불어 들어오는 바람이 어떻게 새의 몸을 허공에 띄우는지, 비행 속도는 날개를 올릴 때 증가하는지, 아니면 내릴 때 증가하는지, 새가 비행할 때 어떤 근

■ 〈수태고지〉에 자세히 그려진 새의 날개(위 왼쪽)와 레다의 백조에 자세히 묘사된 새의 날개(위 오른쪽). 아래는 우첼로의 실물 모형(밀라노 레오나르도 다빈치 박물관 소장).

육이 쓰이는지, 이륙이나 착륙할 때 새의 머리와 꼬리의 방향은 어디를 향하는지 궁금해했다. 그는 어떻게 날 수 있는지 끊임없이 고민했고, 결국 사람도 새처럼 날 수 있을까 하는 의문으로 이어진다.

이처럼 꼬리에 꼬리를 무는 발산적 사고의 근원은 호기심이었다.

하지만 그가 고안하던 무대의 특수효과에 사용해보고 싶은 실용적 의도도 있었을 것이고, 탐구와 논리적 추론으로 도달한 지적 도약의 성과일 수도 있다. 그는 바람, 즉 공기의 움직임을 관찰했고, 여기에서 발견한 현상과 고찰의 결과를 입증하기 위해 물속을 공기 중이라고 여기고 실험을 진행하기도 했다. 물의 움직임을 관찰하고 그림을 그리거나 유체 실험에서 발견한 새로운 과학적 현상을 바탕으로 다시 추론하여 결론을 내리는 식이었다. 이는 하루아침에 진행한 실험이나 생각이 아니라 20여 년이 넘게 지속한 연구로, 부력이나 중력, 비행체 대한 과학기술적 개념까지 고민한 것이다.

전문가에 따르면, 노트에 설명된 이론들은 패러다임을 형성할 만한 수준의 체계를 갖추지는 않았다고 한다. 그러나 대학 교육이나 이론을 숙지하지 않은 무학의 장인이 한 주제에 몰입하여 탐구한 수준이 얼마나 뛰어난지, 논리적 추론의 전개가 얼마나 과학적이었는지 살펴볼 필요가 있다. 관찰, 실험, 추론을 통해 그가 내린 결론과 설명에는

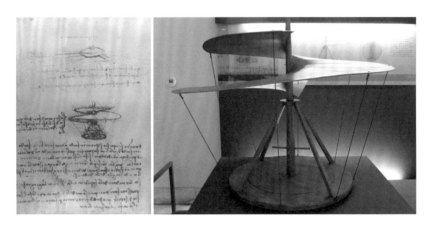

■ 다빈치의 헬리콥터(《코덱스 아틀란티쿠스》, folio. 844r)(왼쪽)와 밀라노 레오나르도 다빈치 박물관에 있는 헬리콥터 모형(오른쪽).

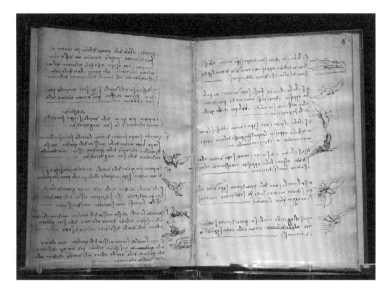

■ 토리노 박물관에 있는 다빈치의 코덱스 중 〈새의 비행에 대하여〉, folio 7v-8r.

뉴턴의 작용·반작용의 원리나, 갈릴레이의 상대성 개념 혹은 베르누이가 설명한 비행 원리 혹은 유체역학의 과학적 설명과 일치하는 부분이 있다. 그의 글을 면밀히 분석하는 연구가 꾸준히 진행되고 있으니, 언젠가는 도서관이나 서점에서 그의 책을 손쉽게 읽어볼 수 있을 것 같다.

"새는 수학적 법칙에 따라 작동하는 기계와 다를 바 없으니 사람을 움직이게 하거나 날게 하는 기계를 못 만들 리 없다"는 메모가 있는 것을 보면, 자신이 설계한 새처럼 날 수 있는 비행체가 잘 작동하리라고 믿었던 것 같다. 1505년에는 새와 비행체에 대해서만 다룬 원고를 따로 쓸 정도로 많은 시간과 열정을 쏟았다.

책으로 출간하지는 못했지만, 〈새의 비행에 대하여Codices sul volo degli uccelli〉가 현재 토리노 왕립 도서관에 보관되어 있다. 한편 다빈치가 큰

■ 토리노 왕립 도서관에 소장된 다빈치 노년의 모습을 그린 자화상.

새, 우첼로^{uccello}라고 불렸던 비행체를 스케치한 메모는 〈코덱스 아틀란티쿠스〉에 포함되어 있다. 우첼로를 실물로 제작한 모형은 레오나르도 다빈치 과학기술관에 전시되어 있다.

토리노 왕립 도서관에는 새와 관련된 코덱스 외에도 다빈치가 직접 그린 노년의 자화상이 있다. 붉은 초크를 사용해 왼손으로 그린 작품인데, 다빈치라고 하면 이 그림을 떠올릴 만큼 대중에게 잘 알려진 작품이다.

레오나르도 다빈치 과학기술 박물관을 비롯한 많은 전시관에서 다빈치의 설계도를 보고 만든 모형을 전시하고 있는데, 가장 대중적인 것이 우첼로다. 코덱스 귀퉁이에는 "체체리^{Ceceri}에서 날아오른 커다란 새가 온 우주를 놀랠 것이며, 그의 둥지에 영광된 이름을 영원히 남길 것이다"라는 글귀가 쓰여 있다. 다빈치가 실제로 비행을 시도했는지, 했다면 그 결과가 어떠했는지에 대한 기록은 남아 있지 않지만, 하늘을 나는 방법을 그만큼 치열하게 고민하고 상상했던 것으로 보아 크고 작은 시도는 하지 않았을까 싶다. 공인된 기록은 아니지만, 1505년과 1506년에 비행 실험을 실시했다고 추정하고 있다.

다빈치가 설계한 비행체는 초기의 무동력 비행기와 비슷해 보인다. 라이트 형제의 초기 비행기는 엔진이라는 동력원을 달고 있었지만, 다빈치의 비행체는 바람을 이용하되 발로 밟아 돌리는 페달이 전부다. 기술적으로 훨씬 낙후된 15세기였지만, 다빈치는 비행체를 띄워

▪ 라이트 형제의 첫 동력 비행 순간. 1903년 12월 17일 플라이어 1호에 타고 있는 동생 오빌과 달리고 있는 형 윌버.

하늘을 날 생각을 하고 직접 실험했다. 인류의 첫 비행은 1903년에야 가능했는데, 미국 노스캐롤라이나 키티호크 해안의 모래 언덕에서 플라이어 1호^{Flyer I}가 12초 동안 36.5미터를 이동했다. 사람이 하늘을 나는 것이 얼마나 어려운 도전인지, 첫 비행 이후로 38킬로미터를 날아가는 데만도 2년이 더 걸렸다.

▪ 체체리 산에 세워진 기념비.

토스카나 인근의 소도시인 피에솔레에 있는 체체리 산 정상에서 다빈치가 우첼로를 날렸을 것으로 추정한다. 산 정상의 작은 광장에는 코덱스의 글귀를 새긴 비석이 있다. 어쩌면 인류의 첫 비행은 키티호크의 언덕이 아닌 체체리 산 정상인지도 모른다.

2
파도바와 베네치아에서
우뚝 선 갈릴레이

학문의 도시 파도바: 갈릴레이를 키워준 곳

다빈치가 화가를 넘어서 장인으로 성장한 곳은 피렌체가 아닌 밀라노와 파비아였다. 그렇다면 갈릴레이는 어땠을까? 피사에서 대학 교육을 받고 그곳이 첫 직장이었지만, 정작 갈릴레이가 원하는 일을 할 수 있었던 곳은 파도바와 베네치아였다. 피렌체가 담지 못한 장인 다빈치에게 밀라노가 필요했던 것처럼, 갈릴레이도 자유로이 연구하고 성장할 곳이 필요했다. 100여 년의 시차가 있지만, 이탈리아를 대표하는 두 위인은 자신의 분야에서 최고가 되어 피렌체로 돌아오기까지 새로운 환경에서 성장했다는 공통점이 있다.

파도바(파두아)는 베네치아에서 기차로 20여 분 떨어진 서쪽에 있는 도시로 베로나와 볼로냐에서도 가깝다. 베네치아에 비해 규모가 작지만, 북부 이탈리아의 가장 오래된 도시로 한때는 이탈리아 경제, 문화, 교육의 중심지였다. 파도바는 베네치아가 성장하면서 세력과 규모가 줄었지만, 베네치아의 활발한 교역과 함께 번성한 도시이자 유럽의 우수한 인재들이 몰려든 세계적 규모의 대학 도시다. 이곳에는 역사와 전통을 자랑하는 파도바 대학과 세계 최초이자 유네스코가 지정한 세계문화유산인 파도바 식물원Orto Botanico이 있어서 15~18세기의 파도바는 교육과 과학의 도시로 명성이 높았다. 중세와 근대를 이어주는 혁명기 동안 이탈리아의 학문과 교육은 세계적 수준이었고, 특히 천문학, 수학, 식물학, 의학, 약학 분야에서 많은 학자를 배출한 곳이 바로 파도바 대학이다. 지금은 식물원이 파도바 대학의 부속 기관이지만, 예전에는 독립적인 기관으로 유럽 각지에서 관람객이 모여들었다. 또한 대학과 연계하여 식물학, 생태학, 약학, 의학, 화학 등이 발전했고 천문학과 수학은 베네치아 산업 발전의 학문적 토양이었다.

갈릴레이의 집: 자유의 도시 파도바에 정착하다

파도바 대학은 코페르니쿠스나 베살리우스 같은 학자와 의과대학의 해부학 극장으로 유명하지만, 이탈리아 과학의 진원지인 이 대학을 대표하는 인물은 누가 뭐래도 갈릴레이다.

갈릴레이는 18년간 이곳의 교수로 머물며 차근차근 명성을 쌓아 세계적인 과학자로 성장했다. 1592년 6월 파도바 대학의 수학과 교수로 임용된 갈릴레이는 메디치 가문의 최고 수학자이자 철학자가 되어 파도바 대학의 교수직을 사임하는 1610년 7월까지 파도바에 머물렀다. 피사 대학에서 공부하고 첫 강의를 시작했지만, 본격적으로 인정받고 유럽 전역에 명성을 떨친 것은 이곳이었다.

피사 대학보다 대우는 좋지만, 유명세를 얻고도 연구에만 전념할 수 있을 만큼 학교에서 지급되는 급여가 넉넉하진 않았다. 게다가 아버지가 남긴 빚과 부양가족 때문에 여전히 가난했다. 강의로 번 돈으로는 부족해서 군사 자문이나 점성술로 운세를 봐주기도 했고, 빈방을 세놓거나, 과외를 하거나, 발명품을 팔아 부족한 돈을 충당하곤 했다. 군사용 컴퍼스, 온도계, 망원경 같은 실용적인 기구를 발명하거나 개량해서 판매했는데, 다행히도 그의 발명품은 베네치아공국에서 인기를 끌어 금전적으로 도움이 되었다.

갈릴레이는 파도바에 머무는 동안 베네치아를 넘나들면서 많은 사람을 만났다. 학자는 물론이고, 베네치아의 관료와 군인, 사교 모임에서 만난 친구, 상인, 제조업자까지, 다양한 분야의 사람과 폭넓게 사귀었다. 이렇게 바쁘게 움직이고 많은 사람을 만나 일거리를 늘린 덕에 아버지 때부터 쌓인 빚을 모두 청산했다.

이 시기에 갈릴레이는 베네치아에서 운명의 여인 마리나 감바Marina Gamba를 만나 가족을 이루었는데, 공식적으로 결혼은 하지 않았지만 둘 사이에 세 아이를 두었다. 두 사람은 베네치아의 친구 집에서 만났고, 마리나가 임신하자 파도바의 폰테코르보 광장Piazzale Pontecorvo에 작은 집을 얻어 그녀와 아이들이 함께 살도록 했다. 1600년에 첫째 딸 비르지니아Virginia가, 그다음 해에는 둘째 딸 리비아Livia, 1606년에는 막내아들 빈첸초Vincenzo가 태어났다.

갈릴레이는 가족을 자주 보러 가고 경제적 지원을 아끼지 않았지만, 아이들을 자신의 호적에 올리지 않았다. 마이클 화이트의《교회의 적, 과학의 순교자 갈릴레오》에 따르면 "안드레아 감바의 딸 마리나와 알 수 없는 아버지 사이에서 난 아들 빈첸초 안드레아"라는 기록만 있다고 한다. 당시에 학자는 학문에 전념하며 혼자 사는 것이 일반적이었고 모범으로 여겨지는 풍토였기에, 주변의 비난을 우려해 결혼

■ 파도바에 있는 갈릴레이의 집, 현재 파도바 대학에서 관리하고 있다.

을 망설인 것으로 보인다.

　파도바에 있는 갈릴레이의 집은 다빈치의 생가처럼 박물관으로 꾸며놓은 것은 아니라서 건물을 찾기가 쉽지는 않다. 안토니오 대성당 앞을 지나는 길을 따라가다 세 갈래 길을 두 번 지나면 갈릴레이의 길 via Galileo Galilei이라는 조그만 골목길이 나온다. 그 골목에 갈릴레이가 발명으로 벌어들인 돈으로 구입한 집이 남아 있다. 집 정면에는 갈릴레이가 이곳에 머문 날짜와 함께 "갈릴레오 갈릴레이의 집casa Galileo Galilei"이라고 쓴 팻말이 조그맣게 붙어 있다.

　갈릴레이는 이 집에서 외국에서 온 유학생들과 함께 살았다. 학생들은 그에게 개인 과외를 받고 수업료와 생활비를 지불했다고 한다.

파도바 대학의 명소: 갈릴레이 단상

파도바 대학은 세계 최초의 대학인 볼로냐 대학의 학생과 교수 일부가 종교나 정치적 억압에서 벗어나 자유롭게 배우고 가르치고 연구하기 위해 파도바에 세운 배움 공동체로, 1222년에 문을 열었다. 초기에는 법학만 다루는 전문학교의 성격이었으나, 차츰 의학과 사회, 천문학, 변증법, 철학, 수사학 등으로 전공 분야를 넓히며 일반 대학교로 발전했다. 당시에는 지동설을 주장한 코페르니쿠스와 생리학자 윌리엄 하비를 비롯해 유럽의 우수한 청년들이 유학할 만큼 유명했다.

군사와 교역의 중심지였던 베네치아는 다양한 문화가 공존하던 곳으로, 종교적 제약이 많고 보수적이던 로마나 피렌체와 달리 자유롭고 개방적이었다. 베네치아공화국에 속한 파도바도 그러했다. 그 중심에 있던 파도바 대학은 다양한 생각이나 의견에 열려 있고, 경험적 방법으로 자유로이 탐구하는 것을 중요하게 여겨 수학, 과학, 의학 분야에서 큰 발전을 이뤄냈다. 해부학의 창시자인 베살리우스Andreas Vesalius나 갈릴레이 같은 유명한 교수가 강의를 맡고, 해부학 교실, 식물원, 천문대 같은 실험실이 갖추어지면서 르네상스 시기를 거쳐 근대까지 최고의 교육기관으로 자리 잡았다.

베네치아와 함께 세력이 기울어 예전의 명성에는 못 미치지만, 구도심의 외곽에 현대식 건물을 세우고 단과 대학을 정비하여 이탈리아에서는 여전히 명문 대학으로 통한다.

파도바 대학에서는 갈릴레이가 강의하던 단상, 그의 초상화와 척추뼈가 보존되어 있는 강당, 세계 최초의 해부학실이 있는 옛날 대학 건물을 그대로 보전해 역사 박물관으로 사용하고 있다. 팔라초 보Palazzo del Bo라고 불리는 오래된 대학 건물은 시간제로 개방되며 일반인들도

■ 팔라초 보로 불리는 파도바 대학의 옛 건물. 지금은 일반인들로 관람할 수 있는 역사 박물관이 되었다.

관람할 수 있다. 학위 수여식이나 특별 강연 등 큰 행사는 아직도 이 건물에서 진행된다.

'Bo'는 소를 뜻하는 말로, 원래 1층에 고기를 거래하던 정육점이 있었다고 한다. 파도바 대학이 의과대학 건물로 쓰기 위해 사들였는데, 아마도 해부학실에서 사용할 시체를 준비하고 처리하기 위한 작업이 도축 공간에서 이루어졌을 것으로 추정된다.

■ 파도바 대학의 팔라초 보 내부의 표지판.

16세기에는 식당으로 사용되던 공간을 법학과 대강당으로 고치면서 안뜰도 정비하여 대학의 중심 건물로 사용했다. 수학과 교수였지만 갈릴레이는 이례적으로 대강당에서 강의했는데, 갈릴레이가 사용

■ 갈릴레이가 파도바 대학에서 강의할 때 사용했던 단상. 대강당 내부에 있던 것을 살라 데이 콰란타로 옮겨 전시하고 있다.

했던 강의용 단상 혹은 의자가 아직 남아 있다. 갈릴레이의 단상은 팔라초 보의 주요 볼거리 중 하나다. 19세기에 입구 쪽 로비 벽을 파도바 대학을 빛낸 위인들의 템페라 초상화로 꾸미면서, 실내에 있던 단상을 밖으로 옮겨 전시하고 있다. 학교를 빛낸 졸업생 중 40인을 뽑아 벽화로 남긴 이 공간을 '40인이 있는 방'이란 뜻의 살라 데이 콰란타 Sala dei Quaranta 라고 부른다.

갈릴레이가 '운동과 힘' 그리고 점성술, 천문학, 수학을 강의하던 이 강당에서 1921년 아인슈타인이 일반상대성 이론을 강연했고, 2006년에는 스티븐 호킹이 방문했다. 호킹은 1642년 1월 8일에 갈릴레이가 사망했고 그로부터 정확히 300년 뒤인 1942년 1월 8일에 자신이 태어난 사실에 자부심을 느꼈다고 하니, 과학사에서 갈릴레이가 얼마나 큰 인물인지 다시금 확인했다.

견학 시간이 되면 팔라초 보 건물의 안뜰 측면 계단을 이용해 2층으로 안내된다. 이때부터 가이드의 설명을 들으며 느긋하게 따라다니면 된다. 계단에서 시작해 2층 복도의 벽과 천정에는 온통 졸업생들이 남긴 명패로 빼곡한데, 공간이 부족해 1688년 이후로는 더 이상 명패를 붙이지 않는다고 한다. 그래서인지 벽면을 메운 명패는 낡고 바래서 가문의 휘장도, 이름도 뭉그러진 채 희미하지만, 오랜 역사가 전하는 감동은 생생하다.

▪ 대강당 내부, 천장에 갈릴레오의 초상이 있다(왼쪽). 대강당 내부를 가득 메운 명사들의 명패(오른쪽).

대강당에서는 사진 촬영이 금지되어 기억에만 남았지만, 갈릴레이가 사용한 단상, 척추 뼈 한 조각, 그리고 초기 의학 실험의 현장인 해부학 극장은 두고두고 생각날 만큼 인상적이었다. 요즘 대학의 규모와 비교하면 작은 공간이지만, 이곳에 머물렀던 인물을 떠올려보면 그 의미가 남다르다.

케플러 초신성에 관한 스타 교수의 강연

1592년, 파도바 대학에 임용된 갈릴레이는 멋진 취임 강연으로 세상을 놀라게 했다. 안타깝게도 라틴어로 진행된 강의 내용은 남아 있지 않은데, 세간의 평가에 따르면 수많은 사람의 기대에 부응하며 성공적으로 치러졌다고 한다. 얼마나 유명했는지 소식을 접한 덴마크의 천문학자 튀코 브라헤가 "하늘에 새로운 별이 등장했다"며 격찬할 정도였다.

갈릴레이는 파도바 대학에서 승승장구하며 강의와 연구로 존경을 받았고, 이를 증명이라도 하듯 1604년 12월에서 1605년 1월 사이에 치러진 세 차례의 대중 강연에는 앉을 자리가 없을 정도로 많은 사람이 몰려들었다. 당시 천문학은 점성술적인 측면이 강했는데, 갈릴레이도 의과대학생에게 천문학, 수학 외에도 별의 움직임과 운명을 예언하는 점성술을 가르치고 있었다. 12월 강연에는 갈릴레이의 강의를 듣겠다고 청중이 더 많이 몰려들었다. 1604년 10월 9일에 관측된 '새로운 별' 때문이었다. 당시 사람들은 신성을 불길한 징조로 여겨 두려워했는데, 신성이 한동안 이탈리아 상공에 머물러 있자 두려움 반, 궁금함 반으로 전문가를 찾았던 것이다.

당시 관측된 별은 SN1604 초신성 혹은 '케플러 초신성'으로, 사제였던 일라리오 알토벨리^{Ilario Altobelli}가 처음 발견해 갈릴레이에게 알렸다. 사람들은 전에 없던 새로운 별이 탄생했다고 믿었다. 왜 이런 일이 생기는지 아무도 몰랐는 데다 처음 그 빛이 지구에 도착했을 때 얼마나 밝았는지 낮에도 관측될 정도였으니, 전 세계가 들썩일 만큼 큰 일이었다.

수정처럼 완벽한 하늘에 이토록 강력한 빛을 지닌 별이 나타난 것은 우주와 하늘을 해석하는 아리스토텔레스의 이론에 정면으로 위배되는 현상이었다. 교회는 서둘러 "천구가 아닌 지구 근처를 돌고 있는 증기"라거나 "지구와 달 사이에 존재하는 유성"이라고 설명하며 사람들의 불안을 가라앉히려 했지만, 의구심은 더욱 커졌다. 그래서 새로운 별이 왜, 어떻게 나타났는지 설명해줄 권위자가 필요했던 것이다. SN1604 초신성의 출몰에 대한 해석이 갈릴레이 강연의 주제였으니 대중의 관심이 쏠린 것은 당연했다.

갈릴레이도 이 별이 어떻게 생겨났는지 설명할 방법은 없었지만, 별빛이 차츰 흐려지고 지구에서 관측되는 각도가 달라지는 것을 보고 코페르니쿠스의 견해를 뒷받침할 증거가 된다고 생각했다. 저 별은 아주 멀리 있으며, 별은 물론이고 지구도 움직이고 있다는 것이다. 기존의 아리스토텔레스적 우주론에 의문이 많던 갈릴레이는 별이 새로 나타난다는 사실은 교회가 지지하는 가설을 반박하는 간접 증거라고 확신했다. 하지만 이날 강연에서 갈릴레이는 코페르니쿠스의 이론이 맞다거나, 아리스토텔레스의 설명이 잘못되었다고 하지는 않았다. 다만 신성이 교회가 말하는 '하늘의 증기'와 어떻게 다르고 별의 위치는 어떻게 변화하는지 설명하면서 알아들을 사람은 알아듣게끔 그 의미를 전했다고 한다. 덕분에 갈릴레이의 추종자들은 새로운 해석을 환영했고, 그의 설명과 명성은 신속하게 전 유럽으로 퍼졌다. 그러나 아리스토텔레스식 해석을 신봉하던 많은 학자와 종교계는 강하게 반발하며 끊임없이 반박 성명을 내놓았다. 이런 분위기에서 논쟁에 맞섰던 갈릴레이는 유명해진 만큼 문제의 중심에 다가섰다.

케플러 초신성은 이탈리아뿐 아니라 세계 곳곳에서 보고되었는데, 당시의 과학 수준으로는 설명할 수 있는 현상이 아니어서 학자들마다 해석이 각양각색이었다. 독일에서는 파브리, 매스틀린, 뢰슬린, 케플러 등이 이 별을 보았다고 했고, 《조선왕조실록》과 《증보문헌비고》에도 이 별을 '객성'이라고 기록하고 있다.

사람들은 별이 새로 태어났다고 생각했지만, 아이러니하게도 초신성은 새로 태어난 별이 아니라 수명을 다한 큰 별이 대규모로 폭발하며 엄청난 빛을 뿜어내는 현상이다. 질량이 무거운 별의 내부에서 핵융합 반응이 끝나면 중력에 의해 별이 수축하기 시작하는데, 이때 별의 중심부는 좁아진 공간에 몰린 입자들로 밀도가 높아지고 입자의 충돌도 증가한다. 높은 밀도의 공간에서 입자가 충돌하고 반발하면서

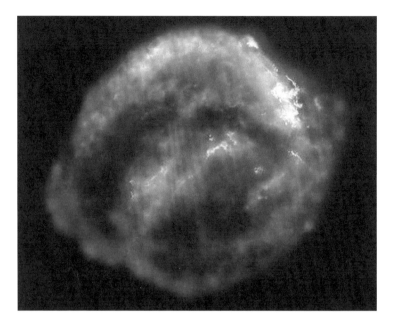

■ 허블망원경, 스피처망원경, 찬드라망원경으로 찍은 이미지를 조합한 케플러 초신성(NASA).

에너지가 극도로 높아져 급기야 강력한 폭발이 일어난다.

이때 분출되는 엄청난 에너지는 빛이 되고 한 동안 밝다가 점점 사그라들며 생애를 마감한다. 남은 물질은 별의 크기나 폭발의 정도에 따라 중성자별 또는 블랙홀이 되고, 흩어진 성간 물질은 우주 공간에 머물러 있다가 새로운 별과 생명체를 만드는 데 다시 사용된다. 특히 큰 별 내부에 있던 무거운 원소는 우주 공간을 떠돌다가 새로운 별을 만든다. 갈릴레이나 케플러뿐 아니라 조선의 관리들이 보았던 빛은 유난히 밝은 별이 태어나며 뿜어낸 것이 아니라 아주 오래전에 수명을 다한 별이 사라지기 직전에 보낸 마지막 신호인 셈이다.

NASA는 2000년에 찬드라(엑스선 망원경), 2003년에 허블(가시광선/근적외선 망원경), 2004년에 스피처(적외선 망원경) 우주 망원경으로 케플러 초신성이 폭발한 후 남은 잔해를 찍어 공개했다. 옛날에 사라진 별이 보낸 빛이 이보다 더 아름다울 수 있을까!

이 폭발 현상을 최초로 발견한 사람은 케플러가 아니었지만, 그가 1604년 10월 17일부터 기록한 일지 〈땅꾼자리에서 발견된 밝은 별 관측〉은 별의 일생과 우주를 이해하는 중요한 천문학 자료가 되었다. 이 관찰 일지가 1606년에 《땅꾼자리 신성De stella nova in pede serpnetarii》이란 제목으로 다시 발간되었는데, 과

■ 《땅꾼자리 신성》.

학자들은 이 업적을 기념하기 위해 케플러 초신성이라고 부른다.

과학기술 강국 베네치아: 갈릴레이가 누린 자유와 기회의 땅

갈릴레이는 틈만 나면 베네치아에 갔다고 기록되어 있는데, 당시 사람들은 브렌타강을 통해 베네치아와 파도바를 오갔다고 한다. 약 30킬로미터, 기차로 20분 정도가 걸리는 거리인데, 파도바에서 배로 이동하면 얼마나 걸렸을까? 배의 종류나 정거장의 수에 따라 다르겠지만, 갈릴레이가 살던 당시에는 배가 가장 빠른 이동 수단이 아니었을까 싶다. 16~17세기, 인근 도시에 거주하던 사람들이 어떻게 베네치아에 오갔는지 그 풍경이 무척 궁금했는데, 정확히 이 경로를 따라 베네치아에 간 괴테의 여행기에서 힌트를 얻을 수 있었다. 괴테는 강을 따라가면서 강가의 경치와 잘 지어진 저택이 어우러진 풍경을 감상했고, 운하의 수문이 열리기를 기다리는 동안 강변에 내려서 마을을 구경했으며, 배에서 만난 사람들과 얘기를 나누며 쉬엄쉬엄 갔다고 한다.

■ 크루즈여행사ʲˡ. Burchiello에서 제공한 브렌타강 운하길 지도와 바포레토 정류장.

산업의 현장 무라노: 하늘 높이 향한 갈릴레이의 망원경

베네치아의 무라노Murano 섬은 유리 공예품과 공장으로 유명하다. 공장을 방문하면 뜨거운 불에 달구어진 긴 막대를 고온의 화로에 넣고 유리 공예품을 만드는 장면을 볼 수 있는데, 모래에서 유리로 바뀌는 과정에 한 번, 화려한 모양으로 뽑아내는 장인의 솜씨에 한 번 더 놀란다. 모래의 주성분인 산화규소를 고온에 녹여 나온 점성의 액체를 급냉각시키면 무질서한 형태로 굳어 유리가 된다.

석회나 나트륨을 섞어 녹이는 온도를 낮추고 투명한 정도나 강도, 내구성을 높이기 위해 칼륨, 납, 바륨, 알루미늄이 들어 있는 물질을 첨가하고 적절한 안료를 섞어 색깔이 있는 유리 제품을 만든다. 이런 제조 방식은 오랜 기간 다양한 실험을 거친 후 터득한 기술로, 화려한 색채의 유리 공예는 무라노 섬을 지킨 장인들이 아랍에서 전한 전통 비법과 베네치아의 안료로 만들어낸 특산품이자 베네치아 시민의 자부심이다.

그러나 달리 생각하면 베네치아를 대표하는 무라노의 유리 산업은 십자군전쟁과 약탈, 르네상스로 이어지는 복잡한 역사의 산물이다. 1204년에 시작된 4차 십자군전쟁은 명분 없는 전쟁으로, 이슬람 세력을 토벌하겠다고 시작한 십자군이 어처구니없게도 우군이었던 동로마제국의 콘스탄티노플을 공격했던 것이다. 결과적으로 비잔틴 문화의 요람이자 동로마제국의 수도였던 콘스탄티노플은 베네치아 군대가 이끄는 십자군의 침략과 약탈로 황폐해졌고, 전쟁을 주도했던 베네치아공화국은 막대한 전리품을 챙겨 유럽의 패권 국가가 되었다. 막강한 해군으로 해상권을 장악한 베네치아는 중계무역으로 동서양을 연결하며 경제적 이득을 얻었고, 그리스와 로마, 동방의 학문과 문화까지 흡수하며 전 유럽에 새로운 문화를 전파하는 창구가 되었다. 이렇게 갖춰진 여건에서 베네치아의 르네상스가 시작되고, 상업과 산업이 맞물려 도시는 역동적으로 발전했다. 갈릴레이는 태어나 자란 해양 도시 피사와는 규모가 다른 베네치아를 구석구석 부지런히 비집고 다니며 많은 것을 배웠다.

밀라노가 남북을 잇는 육로의 요충지였다면, 바닷길을 점령한 베네치아는 뱃길로 동서양을 이었고, 그곳에서 인적, 물적 교환이 이뤄졌다. 피렌렌체나 밀라노처럼 경제적으로 넉넉해지고 외교적 지위가 높아지자, 도시 정비와 군사력, 산업 전반을 키우는 데 온 힘을 쏟았다. 건축물에 필요한 진귀한 물품과 자재는 점령지에서 대량 약탈했고, 이탈리아의 장인은 물론이고 콘스탄티노플이나 아랍 출신의 학자와 기술자를 많이 고용했다.

최고의 배와 무기를 만드는 조선소에서는 망치 소리가 끊이질 않았고, 유리 제품 생산지인 무라노의 공장에서는 화로의 불이 꺼질 틈이 없었다. 인쇄 산업을 장려해 수많은 책이 출간되면서, 문화, 예술, 학문의 부흥은 예고된 것이나 다름없었다. 일자리는 아랍이나 콘스탄티노플 사람들로 충당되었는데, 일부는 잡혀왔고 일부는 돈벌이를 찾아온 사람들이었다. 초청받은 최고의 장인이나 학자, 기술자도 많았다.

다빈치의 스승 베로키오 역시 베네치아 총독의 기마상 제작을 맡아 오랫동안 이 도시에 머물렀다. 당시 베네치아는 수많은 인종과 언어가 섞여 온갖 종류의 거래와 경쟁이 이뤄지는 진정한 의미의 국제도시였다.

그 속에서 융합형 창조가 자연스레 일어났다. 무라노의 유리는 해외 장인들의 기술에 베네치아의 과감하고 화려한 색채가 더해져 한층 뛰어난 공예품으로 제작되었다. 산업 전반에 걸쳐 이와 유사한 현상이 두드러졌다. 고대의 문헌에서 지식과 기술을 찾아내고, 아랍에서 동양에 이르는 문화와 기술을 흡수하여 고유의 체계를 창조한 배경에는 지적 토대를 마련해준 파도바나 볼로냐 같은 대학의 역할이 컸다. 베네치아는 인재 양성 기관에 투자와 후원을 아끼지 않았고, 책 판매와 보급에 앞장서서 독자적인 르네상스를 이뤄냈다.

자유롭고 역동적인 산업과 출판의 도시 베네치아의 혜택을 가장 많이 받은 학자는 갈릴레이였다. 쉬지 않고 돌아가는 공장이나 장인의 기술은 역학에 관심이 많았던 갈릴레이를 매료시킬 만했다. 학교에서 강의하다가도 틈나면 배를 타고 베네치아에 와서 시간을 보냈다는 갈릴레이와, 밀라노 전역을 돌며 지형과 자연, 책과 사람을 찾아다녔다는 다빈치의 모습이 겹쳐 보이는 것은 우연이 아닌 듯하다.

갈릴레이는 품질이 우수한 유리 제품을 구하기 위해 무라노에 자주 들렀다. 피렌체에 있는 갈릴레오 박물관에는 갈릴레이가 스스로 연마했다고 알려진 유리 렌즈가 있는데, 그가 직접 만든 망원경 렌즈다. 망원경을 최초로 제작한 사람은 갈릴레이가 아니다. 1608년 네덜란드의 한스 리퍼세이Hans Lippershey가 두 개의 렌즈를 통에 넣고 멀리 있는 사물이 잘 보이도록 조정한 것이 망원경의 시초다. 갈릴레이는 지인의 도움을 받아 원시 망원경을 구했고, 재빨리 원리를 파악한 후 직접 제작해서 연구에 사용하거나 팔았다. 망원경 렌즈로 쓸 최상급 유리를 공급받기 위해 무라노에 왔던 걸 보면, 렌즈가 어떤 역할을 하며 렌즈 배율이 어떻게 결정되는지 잘 이해하고 있었다는 뜻이다.

기록에 따르면, 갈릴레이는 오랫동안 베네치아의 상인 조반니 바르톨루치Giovanni Bartolucci와 교류하며 무라노 최고의 유리를 공급받아 직접 쇠 공을 굴려가며 렌즈를 다듬고 두 렌즈의 초점거리를 맞추고 렌즈 입구로 들어오는 빛의 양을 조절해서, 20배 정도까지 보이는 망원경 카노키알레Cannocchiale를 만들었다. 이런 작업이 가능했던 것은 그가 수학과 과학 분야에 뛰어난 학자라서 개념과 원리를 잘 이해했기 때문이다. 그리고 직접 경험하고 실험하는 것을 중시했던 과학자 갈릴레이는 여러 변수를 바꿔 실험하며 최적의 조건을 찾는 접근법에 익숙했다.

또한 생각도 빠르고 기발하지만, 발명가적 장인의 기질 덕분에 무엇이건 뚝딱 만들어냈다. 더구나 잘 만드는 수준을 넘어 공예품처럼 보기 좋게 공들여 만들었고, 직접 사용법을 설명해주었다고 한다. 최고의 과학자가 직접 알려주니 누구든 물건이 탐났을 것이다. 갈릴레이는 산 마르코 광장의 종탑 전망대에 올라가 카노키알레를 어떻게 사용하는지 알려주고 직접 체험하게끔 해주었다. 도제를 비롯한 베네치아의 주요 정부 관료가 모두 참석해 멀리 파도바의 탑(천문대)을 관측하거나, 맨눈으로는 몇 시간이 지나야 볼 수 있는 배를 직접 보고 놀랐다고 한다. 이렇게 실용적인 발명품은 물론이고, 해박한 지식과 언변에 감화된 베네치아의 지식인과 관료는 갈릴레이가 파도바 대학에 머무를 수 있도록 종신교수직을 보장해주었고, 연봉 인상은 물론이고 약간의 현금도 지원했다.

갈릴레이는 멀리 있는 탑을 보거나 적의 동정을 살피는 용도로만 망원경을 쓰지 않았다. 그는 망원경으로 하늘을 관찰했고, 결과를 있는 그대로 기록하고 추론하여 얻은 답을 책으로 남겼다. 이는 그가 수완 좋은 장인이 아니라 과학 혁명을 이끈 인물임을 확실히 보여주는 사례다.

코페르니쿠스가 수학적 계산으로 추정했듯 천체가 태양을 중심으로 회전하고 있다는 주장을 훌륭하게 뒷받침하는 관측 자료를 제시한 것이 갈릴레이의 위대한 업적이다. 달의 표면은 사실 울퉁불퉁해서 높은 봉우리도 있고 깊은 골짜기도 있어 유리구슬처럼 매끈하지 않음을 보여주었고, 은하수는 구름 같은 연기가 아니라 무수한 별이 모여 있는 것이며, 목성에는 주위를 돌고 있는 위성이 4개나 된다고 밝혔다. 그 결과를 묶어 책으로 출간한 보고서가 《별의 소식Sidereus Nuncius》(1610)으로, 나오자마자 전 유럽에 그의 이름을 각인시킨 베스트셀러가 된다. 그는 매일같이 하늘의 달, 태양, 별을 꾸준히 관측했고 그 결과를 책에 그대로 실었는데, 이는 중세 자연학의 근간이었던 아리스토텔레스 이론에 정면으로 맞서는 것이었다.

직접 그린 달 표면 삽화나 목성의 위성은 당시의 상식에 어긋났기 때문에 이 책은 유럽에 빠르게 전파되었다. 갈릴레이가 그린 달 표면은 동양에서 말하는 '달에 사는 옥토끼와 절구'를 유럽인들이 인정하는 역사적 사건이 된다. 동양인에게는 또렷이 보이는 토끼가 왜 유럽인에게는 보이지 않았을까? 달의 울룩불룩한 표면은 어디서 보더라도 다르지 않았을 테지만, 아리스토텔레스의 이론으로 세상을 읽던 유럽 사람들 눈에는 보이지 않는 성간 물질의 그림자나 먼지였을 뿐

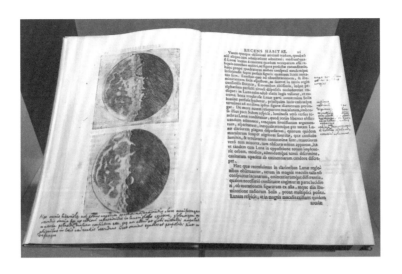

■ 《별의 소식》(피렌체 갈릴레오 박물관 소장).

이었다. 그러나 회화에 재능이 많고 광학에 관심이 컸던 갈릴레이는 달 표면의 밝기가 군데군데 다른 이유가 빛의 양과 관련이 있다고 생각했고, 달도 지구처럼 높낮이가 차이 나는 지형일 거라는 추론에 이르렀다. 어떤 생각이나 이론으로 세상을 보는지에 따라 똑같은 자연이나 현상도 달리 보일 수 있다는 것을 과학철학에서는 관측의 이론 적재성으로 설명한다. 다시 말해 당시 사람들은 아리스토텔레스라는 콩깍지로 세상을 보았기에 달은 언제나 완벽한 유리구였고, 달 속의 산과 계곡은 없어야 마땅했다. 그러니 갈릴레이의 관찰 보고서는 유럽을 지배하던 콩깍지에 대한 도전이자 기묘한 소식이었다.

회화적 관점에서 광학에 관심이 많았던 다빈치는 100여 년 전에 이미 오목렌즈를 덧대어 멀리 있는 사물을 가까이 볼 수 있는 망원경 아이디어를 떠올렸다. 하지만 실물로는 제작되지 못한 채, 코덱스에 스케치 메모로만 남았다. 안타깝게도 어쩌면 최초가 될 수도 있었던

Galileo Galilei, Telescope, late 1609-early 1610: wood, leather, length 92.7 cm; inv. no. 2428. This is one of the only two extant telescopes attributed with certainty to Galileo. The instrument, covered with red leather with gold tooling, was donated to Cosimo II after the publication of the *Sidereus Nuncius* (13 March 1610).

Galileo Galilei, Objective lens, late 1609-early 1610: glass, gilt brass, diameter 3.8 cm; inv. no. 2429. Vittorio Crosten, Frame, 1677: ivory, ebony, 41 x 30 cm. This lens was used by Galileo for many observations in 1609-1610. Donated to Grand Duke Ferdinando II, the lens was accidentally cracked. In the mid 19th century, the lens was displayed in the Tribune of Galileo with other Galilean memorabilia. In 1677 the Medici commissioned Vittorio Crosten to build the ebony frame in which the lens has since been preserved.

▪ 갈릴레이 망원경과 렌즈(갈릴레오 박물관 소장).

다빈치의 생각은 머릿속에만 남았다. 반면 갈릴레이는 최고의 장인이 만드는 유리를 쉽게 구해 직접 제작하고 팔아서 이익을 남겼을 뿐만 아니라, 연구에 이용해 책으로 쓸 데이터까지 얻었다. 두 사람이 처한 환경도 달랐지만, 일을 진행하는 방식도 상당히 달랐음을 분명히 알 수 있다.

지금 무라노는 베네치아의 관광지일 뿐이지만, 갈릴레이가 유리 제품을 찾아 누비던 당시에는 용광로만 28구가 넘었다고 하니, 밤낮으로 불꽃을 볼 수 있는 역동적인 산업의 현장이었음이 틀림없다. 베네치아공국의 지도자들은 유리를 다루는 비법과 기술을 유출하고 싶지 않았고, 화재로부터 도시를 보호하기 위해 장인들을 외딴 섬으로 보내 격리하고 엄격히 통제했다고 한다. 국가에서 장인을 통제하고 산업을 관리했다니, 한번 들어가면 나올 수 없는 감옥이었다는 말을 실감할 수 있다.

사그레도의 집: 두 우주 체계에 대한 대화가 이뤄지다

베네치아에서 가장 활기찬 곳은 리알토 다리 근처로, 늦은 저녁에서 밤까지 발 디딜 틈 없이 인파가 몰리는 곳이다. 갈릴레이보다 1세기 뒤인 18세기에 이탈리아를 여행했던 괴테의 눈에도 다리에서 바라본 풍경은 꽤 인상적이었다. 괴테는 생필품과 사람을 실어 나르는 수많은 배와 곤돌라, 일상을 살아내는 사람들의 야단스러움이야말로 베네치아를 잘 보여주는 단면이라고 평했다.

생필품을 싣던 배가 관광객을 실어 나르는 용도로 변한 것 말고는 예나 지금이나 변함없이 붐비는 곳이지만, 갈릴레이가 운하를 오가던 때는 베네치아가 강성하던 시기여서 풍경 역시 대단했을 것이다. 갈릴레이는 베네치아의 리알토 다리 근처에 있는 대저택에 살던 사그레도Giovanni Francesco Sagredo와 친했고, 그가 마련한 모임에서 베네치아의 정치, 군사, 재계의 유명 인사들을 소개받았다.

갈릴레이가 도움을 많이 받긴 했지만, 둘은 이해관계를 넘어 돈독한 친분을 유지했다고 한다. 그래서 갈릴레이는《두 우주 체계에 대한 대화》와《새로운 두 과학》의 등장인물에게 사그레도라는 이름을 붙였다. 두 책 모두 세 친구가 질문하고 설명하고 반론을 펼치는 대화를 담고 있으며, 살비아티란 극중 인물의 입을 빌려 갈릴레이가 하고 싶은 이야기를 전한다. 학자 살비아티에게 끊임없이 질문을 던져 대화를 자연스럽게 유도하는 화자가 사그레도로, 살비아티의 설명에 감탄하고 설득되는 인물이다.

갈릴레이는 피렌체에 갈 때면 메디치 대공의 자녀에게 다양한 지식을 실험 삼아 보여주며 이목을 끌었다. 사그레도 역시 우주 현상뿐 아니라 자석과 자력에도 관심이 많아, 관련 서적이나 제품을 구해 오거나 전문가를 불러모았다. 당시 사그레도의 집은 갈릴레이 같은 학자, 예술인, 후원자가 모여 밤늦게까지 토론하던 곳으로, 갈릴레이의 아버지가 했던 카메라타 모임과 비슷했을 것이다. 아버지의 모임이 예술가 중심이었다면, 사그레도와 갈릴레이의 모임은 수학, 과학, 천문

■ 리알토 다리 근처에 있는 사그레도의 대저택은 현재 호텔로 사용되고 있다.

학에 관심이 많은 학자 중심이었다.

《두 우주 체계에 대한 대화》에서 세 친구가 모이는 곳은 사그레도의 집으로, 4일간 우주, 자연, 수학에 대해 이야기를 나눈다. 미루어 짐작해보면, 베네치아의 젊은 수학자였던 사그레도와 갈릴레이가 실제로 비슷한 대화를 나누고 공감했을 것으로 추정된다. 사그레도는 갈릴레이를 친구이자 스승으로 여겼던 듯하다. 그러니 사그레도가 젊은 나이로 사망했을 때 갈릴레이가 받은 충격이 적지 않았다. 이는 갈릴레이가 피렌체로 떠난 이유 중 하나였을 것으로 보인다.

갈릴레이의 베네치아 아지트인 사그레도의 집은 강변에 자리 잡은 장밋빛 저택으로, 지금은 카 사그레도 팰리스Ca' Sagredo Palace라는 호텔이 되었다.

마르차나 국립도서관과 출판의 메카 메르체리아

갈릴레이가 살았던 시대에도 사람들로 발 디딜 틈이 없었다는 베네치아의 골목에는 지금도 인파가 물결처럼 몰려다닌다. 예전에도 상인과 구경꾼으로 북적거렸다는데, 화려한 색감과 장식으로 시선을 사로잡는 베네치아산 옷감, 가죽, 유리 제품, 무기 등을 파는 가게가 유럽과 아랍, 동방의 상인까지 이 골목으로 끌어들였다.

또한 베네치아의 골목길은 수많은 인쇄소와 서점으로 문전성시를 이루었다. 금속활자가 만들어진 곳은 독일이지만, 활자를 이용한 출판 산업이 본격적으로 활성화되었던 곳이 바로 베네치아의 메르체리아Merceria 골목이다. 당시 도심에는 거대 출판 기업도 여럿 있었고 인쇄기도 많아서, 베네치아의 인쇄소

■ 메르체리아의 서점 풍경.

에서 구할 수 없는 책은 없다고 할 정도였다. 활발한 교역 덕에 베네치아의 인쇄소에서 출간되는 책은 삽시간에 전 유럽에 깔렸는데, 16세기에는 유럽에서 출간되는 책의 절반을 베네치아 인쇄소에서 찍어냈다고 할 정도로 규모가 어마어마했다. 역사가 마르칸토니오 사벨리코에 따르면, 리알토 다리에서 산마르코 광장까지 서점에 진열된 책 목록만 읽으면서 다녀도 하루 안에 다 못 볼 정도라니, 갈릴레이가 이 골목에서 얼마나 즐거워했을지 눈에 보이는 듯하다.

지금도 골목을 걷다 보면 독특한 제본의 책이나 노트를 파는 서점이 눈에 띈다. 이스탄불의 고서점가에서 아랍의 독특한 글과 그림의

책자를 구경한 기억이 있어 서점 몇 군데를 들러보긴 했는데, 내용을 몰라 책은 사볼 엄두가 나지 않았지만 초록색 천으로 제본된 노트와 지도를 둘러보는 재미가 있었다. 갈릴레이는 책을 출판하기 위해서도, 희귀한 책을 구하기 위해서도 이곳을 번질나게 드나들었을 것이다.

베네치아에는 이렇게 출간된 책이 모두 모이는 공간이 또 있다. 베네치아공화국 최고의 행정관인 도제Doge의 관저, 두칼레 궁전 맞은편에 자리 잡은 마르차나 국립도서관Biblioteca Nazionale Marciana이다. 이곳 산 마르코 광장에는 베네치아를 대표하는 건축물이 즐비하다.

갈릴레이 시대의 마르차나 도서관은 그리스, 로마 시대의 고전과 희귀본이 많았던 세계적인 공립 도서관이었다. 뛰어난 학자이자 추기경이었던 바실리우스 베사리온Basilius Bessario이 공익을 위해 소장 도서를 모두 기증하면서 방대한 분량의 희귀 도서가 공립 도서관의 양서가 되었다. 기증자의 고귀한 의지도 살리고, 당시 베네치아에 유통되던 많은 책을 체계적으로 관리하고 보존할 목적으로 국가가 공공 도서관을 설립했다. 자코포 산소비노Jacopo Sansovino가 설계하여 1537년부터 20여 년에 걸쳐 완공한 르네상스 양식의 건축물에는 수많은 책이 소장되어 있어 세계의 학자를 불러 모았다.

갈릴레이는 이곳에서 루크레티우스의 《사물의 본성에 관하여》나 유클리드, 아르키메데스의 책을 마음껏 볼 수 있었다. 갈릴레이가 죽기 전까지 손에서 놓지 않았던 책이 유클리드의 《기하학 원론》이었다고 한다. 파비아 도서관의 고서가 다빈치의 생각을 바꿔주었듯, 마르차나 도서관의 장서는 갈릴레이를 끊임없이 자극했을 것이다.

아르세닐레: 갈릴레이 역학이 시작된 곳

갈릴레이는 베네치아의 세력가들과 자주 만났는데, 조선소 혹은 병기창이었던 아르세닐레Arsenale에서 일하는 관료들에게 자문을 해주고 보수를 받았다. 병기창에 있는 해군 전함을 개선하는 일, 방어벽을 효과적으로 설치하는 방법, 무기를 설계하거나 개선하는 일 등을 돕고 자문료를 받았다. 또한 자신의 발명품을 소개하고 팔기도 했는데, 1597년에 제작한 군사용 컴퍼스는 포를 어디로 쏠지 각을 측정하는 용도 말고 간단한 계산도 할 수 있었다. 망원경과 마찬가지로 컴퍼스도 직접 제작해서 사용법을 알려주고 팔았는데, 꽤 수입이 짭짤했던 모양이다.

갈릴레이는 사업 수완도 좋았다. 그래서 파도바의 집에 작업 공간을 만들어놓고 장인까지 고용해서 망원경을 제작했으니, 1인 기업인

■ 갈릴레이의 컴퍼스와 《기하학 및 군사용 컴퍼스의 작동법》 책자(피렌체 갈릴레오 박물관 소장).

셈이었다. 컴퍼스를 금속 공예품처럼 멋있게 장식하고 잘 만든 케이스에 담아 사용설명서까지 첨부해서 고급스러운 상품으로 만들어 팔았다. 돈을 버는 방식도 남달랐는데, 컴퍼스나 망원경을 판 비용은 고용한 장인이 알아서 챙기도록 하고, 첨부된 설명서에서 나오는 비용만 받았다. 사용설명서는 1606년 《갈릴레오 갈릴레이의 기하학 및 군사용 컴퍼스의 작동법Le operazioni del compasso geometrico e militare》이라는 소책자로 정식 출간했고, 원한다면 사용법을 직접 가르쳐주면서 비용을 받기도 했다. 컴퍼스나 망원경 사용설명서로 얼마를 벌었는지는 모르지만, 아버지의 부채를 모두 갚고 집을 장만할 정도였다고 하니 인기가 제법 좋았던 것 같다.

　그러나 갈릴레이가 아르세넬레에 자주 들른 가장 큰 이유는 당시 세계 최대 규모의 과학기술 산업단지에 관심이 있었기 때문이

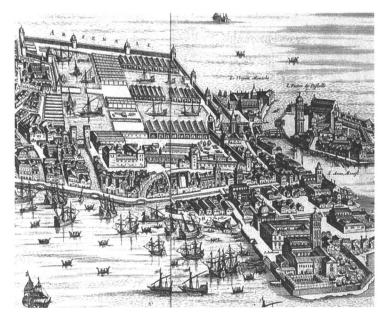

■ 블라우Joan Blaeu의 동판 작품 〈이탈리아의 새로운 극장Nouveau theatre d'Italie〉(1724).

■ 건조된 배가 드나들던 입구.

- 《새로운 두 과학》

다.《새로운 두 과학》의 세 주인공이 대화를 나누는 장소를 아르세넬레 앞으로 할 정도였다. 아르세넬레는 배를 만들던 조선소인 동시에 무기를 만들고 보관하던 병기창으로, 1104년에 건설되어 베네치아가 세계적인 해양 강국으로 발돋움한 주요 동력원이었다. 베네치아 면적의 약 15퍼센트를 차지할 만큼 넓은 지역에 16,000여 명이 넘는 노동자들이 이틀에 배 한 척을 만들 수 있는 체계를 갖추었다고 하니, 산업혁명 이전의 유럽에서 가장 큰 산업복합단지였다.

아르세넬레에서는 배를 고치거나 새로 만드느라 아침저녁으로 망치 소리가 끊이질 않았고, 수많은 사람이 들고 났으며, 정박된 배의 규모도 컸다고 한다. 조선소 일대는 소나무 향이 진동했다고 하는데, 구멍 난 선박을 고칠 때 쓰는 소나무 진액을 끓였다 식히는 작업 때문이었다. 이처럼 역동적인 아르세넬레는 군사, 과학, 수학, 기술 분야의 전문가였던 갈릴레이의 눈에 더할 나위 없이 매력적이었다.

《새로운 두 과학》의 첫 장에서 갈릴레이는 아르세넬레에서 일하는 기술자들이 단순한 노동자가 아니라 남다른 관찰력과 풍부한 경험, 과학적 추론이 뛰어난 전문가라고 칭송하며, 그가 받은 지적 자극과 새로운 학문에 대한 열망을 밝혔다. 다빈치가 두오모 공사 현장에서 선배 장인들의 기술을 흡수하고 성장했던 것처럼, 아르세넬레를 움직이는 거대한 기구와 기술자들의 작업 과정은 갈릴레이의 생각을 성숙시키고 이론을 정립하는 데 큰 도움이 되었다. 훗날 그는 베네치아가 아닌 피렌체에서 일하지만, 역학 연구의 문을 열어준 아르세날레와 항구로 유입되는 첨단 기기와 서적이 넘쳐난 베네치아가 호기심과 지적 욕구가 충만했던 갈릴레이에게 중요한 장소였다.

5장

피렌체,
틀이 되어버린 고향

1
피렌체로 돌아온 르네상스의 거장

보르자와 마키아벨리 그리고 다빈치

1482년경에 피렌체를 떠나 밀라노에 온 다빈치는 예술적 역량을 인정받은 것은 물론이고 경계를 넘나드는 연구로 자신만의 영역을 구축했다. 루도비코 스포르차의 후원을 받으며 예술가이자 건축과 군사 자문으로, 공연 무대 예술과 행사 기획자로 활발히 활동했고 최고의 장인으로 대접받았다. 그러나 15세기가 끝나갈 즈음이 되자 밀라노를 둘러싼 주변 정세가 점차 복잡해졌고, 밀라노는 전쟁에 패하면서 일시적으로 프랑스 국왕인 루이 12세의 통치를 받는다. 패전국의 지도자였던 스포르차는 망명길에 올랐으나 곧 체포되어 프랑스 감옥에 갇혔고, 지도자와 통치권을 잃은 밀라노는 극심한 혼란 상태에 빠졌다.

한편 후원자를 잃은 다빈치는 밀라노를 떠날 수밖에 없었다. 주변국인 만토바와 베네치아를 전전하며 예전에 주문받았던 작업으로 생활을 유지했는데, 까다롭기로 이름난 이사벨라 데스테의 초상화를 그리거나 피아첸차, 베네치아, 오스만제국에 일자리가 있는지 알아보았다고 한다.

오스만제국에서 일자리를 찾아봤다는 사실은 다빈치가 오스만의 술탄 베야지트 2세에게 보낸 자기소개서가 발견되면서 알려졌다. 당시 군사와 건축 분야의 전문가라고 자신을 소개한 이력서가 터키어로 번역되어 보관되어 있었는데, 이스탄불 골든혼에 설치할 다리의 설계자로 지원했다. 여기저기 다리를 구상하느라 써놓은 스케치와 글이 프랑스 학사원Institut de France에 보관 중인 '파리 매뉴스크립트 L' 노트에 있다. 아쉽게도 그의 제안은 채택되지 않았고, 후원자를 찾지 못한 다빈치는 고향인 피렌체로 돌아갔다.

그간 피렌체에는 많은 변화가 있었다. 다빈치가 18년 만에 돌아와 보니 함께 배우고 동고동락했던 동지 중 몇은 세상을 떠났고, 몇은 피렌체 대표 예술가로 성장해 로마 등의 대도시로 파견 나가 있었다. 그래서 피렌체에 적응하는 것이 처음엔 쉽지 않았다. 더구나 세대교체가 일어나 새롭게 등장한 예술가들이 많았는데, 대표적인 사람이 미켈란젤로였다.

밀라노에서 쌓은 명성 덕에 유명 예술가로 대접받았으나 고향은 낯설었다. 그러던 차에 피렌체공화국은 밀라노를 통치하던 프랑스 국왕 루이 12세에게서 뜻밖의 제안을 받고 다빈치를 사절로 파견했다. 예전에 밀라노에서 다빈치가 꾸민 무대 행사를 인상적으로 보았던 터라, 교황 알렉산더 6세의 아들이자 교황의 군대 총사령관이었던 체사레 보르자Cesare Borgia의 군사기술 자문으로 다빈치를 초청한 것이다.[*]

당시 프랑스는 교황청과 동맹을 맺어 밀라노와 피렌체를 압박하고 있었고, 밀라노를 점령하는 데 큰 공을 세운 교황의 아들 보르자는 추기경의 지위도 반납하고 교황을 도와 군대를 이끌고 있었다. 그는 이탈리아를 통일하겠다는 야심을 품고, 로마냐 일대의 작은 도시를 병합해가며 나폴리, 피렌체, 밀라노, 베네치아공화국 등과 대등할 정도로 힘을 키워갔다. 그를 도와 로마냐 일대의 지형을 분석하고 성채를 요새로 만드는 건축 설계와 지도 제작 등을 맡을 담당자가 다빈치였던 것이다. 다빈치가 이 초청을 받아들인 배경에는 밀라노와 로마냐, 교황청이 연대하여 피렌체를 자극하는 상황을 극복하려는 피렌체 정부의 계략도 작용했지만, 기술과 국토 정비 분야에서 마음껏 기량을 발휘하고픈 개인적 호기심도 컸을 것으로 보인다.

극악무도하고 냉정하기로 소문난 보르자였지만, 박식가로 유명했던 다빈치를 전적으로 신뢰하고 존경하는 마음으로 대했다. 배려하는 마음이 가득 담긴 증서를 직접 쓰고 인장을 찍어서, 점령지를 포함한 로마냐 영토 어디든 자유자재로 출입하고 시찰할 수 있게끔 다빈치에게 막강한 권한을 부여했던 것이다. 보르자가 다빈치를 "가장 친한 친구이며 저명하신 분"이라고 공손히 칭한 것을 보면, 그가 다빈치를 어떻게 대했는지 짐작할 수 있다. 다빈치는 군수 및 공학 전문가로서 공국 내의 성채, 요새, 군수 시설, 도시 방벽 등의 토목 공사를 점검하고 지휘할 권한을 위임받아 건축 기술 총감독을 맡은 것으로 보인다. 그래서 폭넓은 지식과 다양한 기술을 발휘하며 현장을 지휘했고, 여러 지역을 오가며 임무를 다했다.

교황청이 밀라노를 장악한 프랑스와 동맹을 맺으면서 주변 정세가

＊루이 12세가 추천했다거나 루이 12세와 다빈치를 만난 기억이 있는 보르자가 직접 피렌체공화국에 부탁했다는 식으로, 책마다 기록이 조금씩 다르다.

굉장히 복잡해졌다. 그러다 보니 피렌체 정부 역시 다각도로 변하는 정세 속에서 복잡한 셈법으로 외부 세력을 조율해야 했다. 이를 위해 로마냐에 공무원을 파견했는데, 대표적인 외교 사절 중 한 사람이 《군주론》의 저자인 마키아벨리였다. 마키아벨리는 1502년 10월부터 다음 해 1월까지 보르자를 따라다녔다고 기록되어 있다. 보르자는 무자비한 인물로 알려졌지만, 마키아벨리는 가까이에서 지켜보고 지도자로서 꽤 좋은 인상을 받았다. 그래서인지 《군주론》에서 이상적인 지도자가 갖추어야 할 덕목으로 제시한 항목은 대부분 보르자의 통치 방식에서 얻은 아이디어라고 한다.

문제적 남자 체사레 보르자, 그에게서 무한한 신뢰를 받는 군사기술 전문가 다빈치, 한때 촉망받았으나 정계에서 추방되는 《군주론》의 저자 마키아벨리가 같은 시기, 같은 장소에 있었던 것이다.

피렌체로서는 그들의 입장을 우호적으로 대변해줄 완충제 역할이나 정보원으로만 여겼던 다빈치가 보르자에게서 각별한 대접을 받으며 일하는 것이 마키아벨리에게는 인상 깊었던 모양이다. 그래서인지 훗날 메디치 사람들의 편견에 귀 기울이지 않고 다빈치의 능력을 높이 평가해서 여기저기에 추천했다. 다빈치로서는 자신의 진가를 충분히 인정받았고, 도시 정비 및 설계 작업을 맡아 창의적인 생각과 실력을 마음껏 펼쳤으며, 훗날 도움이 되어줄 마키아벨리의 마음도 얻었으니, 좋은 성과를 거둔 셈이다.

한편 우르비노 공작의 성을 차지한 보르자 덕에 다빈치는 공작 집안의 도서관에 있던 아르키메데스의 책을 마음껏 볼 수 있었다고 한다. 보르자가 다빈치를 위해 다른 도서관에서 책을 구해주기도 했기에, 끊임없이 옮겨 다니면서도 책을 많이 읽고 소유할 수 있었다.

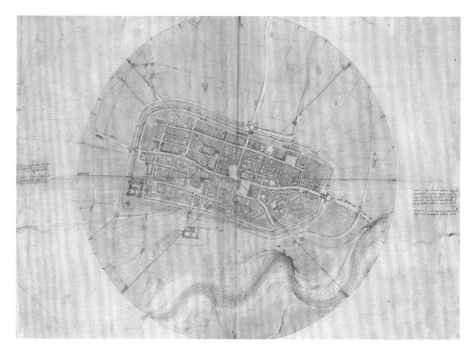

■ 1502년에 제작된 다빈치의 이몰라 지도(영국 왕실 소장).

　　같이 일한 시간은 짧았지만, 다빈치가 만들어준 기구나 지도는 보르자에게 상당한 도움을 주었다. 보르자가 이탈리아 통일이라는 과업을 달성하면 수도로 정하겠다고 마음먹었던 이몰라 지역에 머무는 동안 다빈치에게 부탁한 지도는 어떠한 작업이 진행되었는지 소상히 보여준다. 다빈치는 이 지역을 여러 차례 둘러보며 성채를 정비하고 요새를 만드는 데 몰두했는데, 그때 그린 지도는 현대식 지도처럼 모든 건물을 바로 위에서 내려다본 시점으로 제작되어 있다. 지금은 너무나 당연하지만, 기존의 방식에 비해 제작 방식이 혁신적이었고 지형을 파악하기 편리했다. 당시에는 보통 산 위에서 도시를 조망하는 방식의 조감도를 그렸는데, 정확한 거리와 크기 비를 알기 어렵다. 이몰

■ 바르톨로메오 베네토가 그린 체사레 보르자의 초상(베네치아궁 박물관 소장).

■ 산티 디 티토가 그린 니콜로 마키아벨리의 초상화(베키오궁 소장).

라 지도는 중앙 광장을 중심으로 각 지역을 일정한 구획으로 나누고 나침반과 거리 측정기를 들고 다니며 각과 거리를 재서 비례 값으로 지도를 제작했다고 한다. 심지어 구글 지도와도 맞아떨어질 만큼 정확하다. 이렇게 지도를 제작하려면 수학적·과학적 지식이 바탕이 되어야 한다. 더구나 다빈치의 예술가적 안목과 표현 때문인지, 아름다운 지도로 평가받는다.

다빈치와 보르자라는 두 거인의 동행은 역사적 소용돌이 탓에 오래 지속되지 못했다. 만약 보르자가 이탈리아를 통일하고 다빈치가 기반 도시를 설계했다면 과연 어떤 도시가 탄생했을까? 몇 세기를 앞선 그의 설계와 기술이 잘 드러났을 테니, 다빈치의 이상 도시를 상상하는 것만으로도 기대된다.

다빈치는 보르자의 전폭적인 후원을 받으며 원하는 일을 마음대로 할 수 있었지만, 늘 자유롭게 생활하다가 전쟁에 관한 일만 하자 회의감을 느낀 것 같다. 당시의 노트를 보면 기하학과 해부학 등의 주제에 몰입한 것을 알 수 있는데, 전쟁의 잔혹함과 긴장에서 벗어나기 위한 그만의 처방이었던 듯하다.

때마침 교황이 사망하면서 보르자는 차기 교황과 정적의 모함을 받아 체포되었다. 처음에는 교황청에서 가까운 산탄젤로성의 지하 감옥에 갇혔다가, 1504년에는 스페인으로 추방당했다. 다빈치는 로마냐에서 하던 일을 모두 내려놓고 홀가분하게 피렌체로 돌아왔다. 강력한 후원자는 잃었지만, 로마냐에서 했던 작업이 피렌체에 전해져서 그의 명성은 높아졌다. 게다가 마키아벨리가 다빈치를 높이 평가하여 추천해준 덕에 여러 일에 참여할 수 있었다.

다빈치는 계약해놓고 여전히 완성하지 못한 그림도 그려야 했고, 베키오궁의 대회의실을 장식할 큰 벽화도 진행해야 했으며, 아르노강에 건설할 대운하 프로젝트에도 자문단으로 추천되어 피렌체의 바쁜 일상에 휘말렸다. 그러나 일감이 많아지자 관심 분야에 몰입할 수 없는 것을 못 견뎌 했고, 덕분에 마무리하지 못한 일은 더 늘었다.

대운하 작업: 강의 물줄기를 바꾸다

피사는 두 강에서 쏟아진 퇴적물로 형성된 삼각주가 연결되어 생긴 지형으로, 5세기경에는 바다에 인접한 도시였다고 한다. 그러다가 해안에서 점차 멀어져 지금은 항구도시라고 하기도 이상할 만큼 내륙도시가 되었다. 17세기에도 이미 도심은 해안에서 꽤 떨어져 있었고, 수세기에 걸쳐 형성된 서쪽 해안의 육지는 숲, 호수, 습지, 모래언덕과 지중해 바다가 섞여 다양한 동식물군이 서식하는 독특한 환경으로 발달했다.

역사적으로 피사는 강과 항구를 끼고 있는 지형이라 외부 세력에 의한 부침이 많았고, 11세기와 13세기에 맞은 강성기를 끝으로 전쟁에 패하면서 역사의 전면에서 점점 물러났다. 세력을 형성하고 영토를 확장하던 1284년에는 해양 주도권을 놓고 제노바와 벌인 전쟁에서 패하면서 군사력과 생산 동력마저 잃었다. 도시는 급속도로 쇠락했고, 결국 1402년 피렌체공화국에 매각되는 굴욕을 겪었다. 그리고 주변 소도시처럼 토스카나공화국의 변방으로 전락해 메디치 가문의

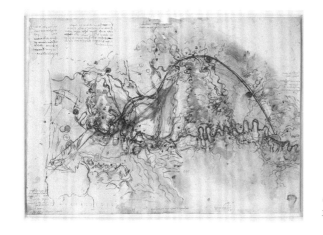

■ 다빈치가 그린 '운하를 위한 아르노강
과 계곡'(영국 왕실기록보관소 소장).

영향력 아래 놓였다.

갈릴레이가 활동한 16~17세기에 피사는 피렌체 근처의 작은 시
골 도시로 전락했다. 그런데 한 세기 전만 해도 대리석을 운반하던 수
로의 주요 길목이자 지형학적 요충지로 세력을 행사하고 있었다. 그
래서 큰 후원자가 필요했던 갈릴레이는 낙후된 피사를 벗어나 피렌
체로 옮겨 갔던 한편, 다빈치는 해양 주도권을 쥐고 있던 피사를 따돌
리고 피렌체가 해양 강국으로 발돋움할 방안을 궁리했던 것이다.

피렌체의 두오모 성당을 비롯해 르네상스 건축물의 정면 파사드 장
식이나 조각상의 원료가 되는 대리석은 카라라Carrara 지역의 채석광에
서 채굴해 가져왔다. 카라라는 하얀색의 비앙키 마르미Bianchi marmi라는
대리석으로 유명한 산악 도시다. 그런데 육로를 이용하면 이동하다가
귀한 대리석이 손상되는 일이 잦아서 카라라 근처의 루니Luni 항구에
서 배를 띄워 피사와 연결된 아르노강을 거슬러 올라 피렌체까지 대
리석을 실어나르곤 했다. 두오모 성당을 건설할 때는 500톤이 넘는
대리석을 배로 운반했다고 하니, 피사가 주요 물류 거점이었던 것은

분명하다.

그런데 배가 전복되는 사고가 너무 자주 일어나서 여러 장인이 이 문제를 해결하기 위해 동원되었다. 아르노강은 계절마다 강물의 양과 유속이 다르고, 강의 밑바닥에 쌓인 퇴적물이 균일하지 않아서 더욱 주의가 필요했다. 거장 브루넬레스키도 이 문제를 해결하겠다고 나섰는데, 일 바달로네il Badalone(괴물)라는 바퀴 달린 수륙 양용선을 띄워 이목을 끌었다. 그러나 그도 비웃음만 샀을 뿐 성공하지 못했다. 시 당국은 운하를 만들겠다는 계획을 세웠고 다빈치에게 이 일을 의뢰했다. 이상 도시를 건설하겠다며 수없이 답사하고 조사했던 습작 아이디어를 드디어 구현해볼 기회가 온 것이다.

당시 피렌체는 피사와의 분쟁으로 골머리를 앓았는데, 해상 기지라고 여겼던 피사가 독자적인 노선을 선택했기 때문이다. 1494년 피렌체공화국의 지도자였던 피에로 메디치Piero di Cosimo de'Medici는 프랑스와 벌인 전쟁에서 불리한 입장이 되자 피렌체의 속국이었던 피사를 일시적으로 프랑스에 양도했다. 전세가 회복되고 프랑스 군대가 철수하자 피렌체는 다시금 피사에 권력을 행사하려 했지만, 프랑스로부터 피사를 되돌려받는다는 공식 서류나 절차가 없다는 점을 들어 피사에서 피렌체의 간섭을 거부하고 독립을 선언했다.

아르노강을 통과하는 해상 무역을 장악하고 세력을 키우려는 피사를 괘씸하게 여긴 피렌체 정부는 강의 물줄기를 다른 곳으로 돌려 피사를 거치지 않고 바로 바다로 갈 수 있는 가능성을 알아보는 중이었다. 그렇게 되면 무역로를 직접 관할할 수 있을 뿐 아니라 아르노강의 물길이 피사로 흘러가는 것을 막아 도시를 고립시킬 수 있으니 다시 주도권을 되찾을 수도 있었다. 이 일을 담당했던 마키아벨리는 다빈

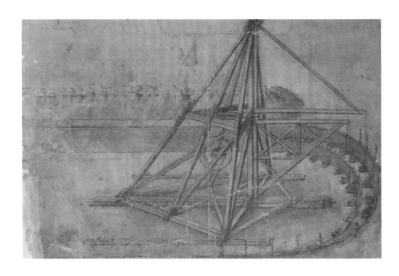

▪ 운하 건설에 사용된 기계, 〈코덱스 아틀란티쿠스〉, folio 4r(암브로시아나 도서관 소장).

치를 실무자로 추천했고, 총감독관이 된 다빈치는 피렌체에서 지역을 자유로이 탐사할 수 있는 권한을 위임받고, 자신을 도와줄 조력자, 마차 여섯 대, 동원 인원의 숙식비까지 제공받아 일에 착수했다.

현장 조사를 위해 아르노강의 요충지를 꼼꼼히 둘러본 다빈치는 아르노강 곳곳에 댐을 설치해 수량을 조절하여 새로운 길을 만들면 물길을 돌릴 수 있을 것으로 진단했다. 그래서 강을 오르내리며 수로가 좁은 곳, 토사가 쌓여 배로 이동할 수 없는 곳, 물이 깊고 유속이 빠른 곳 등 강의 특징과 상태를 조사하여 지도를 작성했고, 댐을 설치할 만한 장소와 바다에 인접한 습지를 찾았다. 또 새로운 항구로 사용할 수 있는 바닷가 습지도 정해두었다.

당시 다빈치가 기록한 노트에는 강과 물의 흐름을 표현한 스케치, 지도, 그리고 작업을 돕는 여러 기구의 설계도가 포함되어 있다. 여러 개의 양동이로 동시에 흙을 퍼서 옮길 수 있는 장치도 있었는데, 사람이 직접 일을 하는 데 걸리는 시간과 기계를 사용할 때 드는 작업량을 계산하여 시간과 노동력을 줄이려 했다.

그러나 이 프로젝트는 시작하고 얼마 지나지 않아 현장 지휘자와 설계 도안이 바뀌면서 난항을 겪었다. 엎친 데 덮친 격으로 폭우가 자주 내려서 흙이 모조리 쓸려 내려갔고, 작업에 너무 많은 인력과 비용이 소모된다고 판단되어 운하를 만들겠다는 계획은 결국 취소되고 말았다. 다빈치는 일찌감치 이 프로젝트를 관두고 피옴비노Piombino 지역의 다른 일감에 투입되어 감독 업무를 맡고 있었다. 요새를 건설하고 물을 빼내는 작업을 지휘했는데, 이전의 경험에서 쌓은 건축 및 공학 지식과 실력을 한껏 발휘했다.

운하를 건설해 바다로 나가는 뱃길을 직접 만들려던 피렌체의 원대한 계획은 막을 내렸지만, 다빈치는 10여 년 넘게 연구하고 생각해온 꿈을 원없이 펼쳐보았다. 현재 피렌체와 피사, 루카Lucca 사이에는 운하 대신에 넓은 고속도로Autostrada A11가 달린다. 흔히 '다빈치 고속도로'라고 불리는데, 지금은 피렌체를 관통하는 여러 고속 노선 중 하나이지만 다빈치의 운하 길에서 아이디어를 얻어 1928~1932년에 건설한 이탈리아의 핵심 도로 중 하나다.

이렇게 다빈치의 스케치가 현실에서 구현된 사례를 보면, 그가 제안했던 아이디어가 얼마나 대단한지 다시금 느낀다. 하지만 괴짜나 장인이 황당한 꿈을 꾸고 실현하려 시도해볼 수 있었던 것은 르네상스라는 시대와 여건이었기에 가능했다. 4차 산업혁명을 목전에 두고 다빈치 같은 인재상이 필요하다고들 하는데, 인재들이 꿈과 끼를 펼칠 환경이 준비되었는지를 먼저 살펴봐야 하지 않을까? 천재는 어느 시대에나 존재했다. 너무 빨리 오거나 늦었을 뿐.

2
피렌체를 선택한 메디치의 궁정 학자

다시 피렌체로: 베네치아의 망원경과 메디치의 위성

　세계 도시로 성장하던 베네치아는 비교적 자유롭고 권위적이지 않은 분위기라 학문을 하기에 좋았다. 한편으로는 그러한 성향 탓에 종교적 지배력이 큰 주변국과 갈등을 빚었고, 잦은 마찰과 분쟁으로 국가적 손실이 늘고 대서양 시대를 준비하던 서유럽의 새로운 항해 기술에도 대처가 늦어지면서 베네치아는 발전의 동력을 잃어갔다. 로마 교황청은 피렌체와 연대하여 압력을 행사하자, 베네치아공화국은 대외적 위상과 내정이 흔들리면서 불안정한 상황이 되었다.

　피사에서도 그랬지만, 갈릴레이는 대학에서 강의하는 것보다 자유롭게 연구하는 것을 더 좋아했다. 그 와중에 베네치아의 정세가 어수선해지자 피렌체로 눈을 돌려 일거리가 있는지 알아보기 시작했다. 게다가 유럽 전역에서 들려오는 학문적 발전, 특히 케플러와 브라헤가 이뤄낸 천문학 연구의 성과는 갈릴레이의 지적 욕구를 자극하기에 충분했다. 강의뿐 아니라 발명이나 과외로 바삐 살아야 했던 갈릴레이는 안정적으로 연구에 몰두할 수 있도록 지원해줄 강력한 후원자가 필요했고, 그 답이 메디치라고 생각했다. 지인이 추천하여 얻은 기회이긴 했지만, 피렌체 궁정에 초대받아 강연을 펼친 갈릴레이는 자연철학과 수학 분야의 새로운 이론과 발견을 설명하며 좋은 평판을 얻었다.

메디치 대공(페르디난도 메디치 1세)의 부인 크리스티나는 강연을 들은 후 갈릴레이에게 아들 코시모 2세의 개인지도를 부탁했고, 그 덕분에 갈릴레이는 피렌체 궁전을 자유롭게 드나들 수 있었다. 코시모의 스승으로 궁전을 오간 지 1년이 지난 1609년, 페르디난도 대공이 사망하면서 제자였던 코시모 2세가 토스카나공화국의 대공이 되었다. 그러자 갈릴레이는 출간을 준비 중이던 책 두 권의 서문을 서둘러 헌정사로 바꿔 어린 나이에 대공이 된 젊은 코시모에게 책을 바쳤다. 베네치아공국의 지원을 받는 파도바 대학의 교수인 갈릴레이가 토스카나공화국의 메디치를 찬양하는 책을 출간하는 것은 이상하지만, 피렌체에서 일자리를 얻는 데는 도움이 되었다. 밀라노에서 경력을 잘 닦은 다빈치가 성공하여 피렌체로 돌아온 것처럼, 파도바에서 유명한 학자로 명성을 얻은 갈릴레이는 최고의 수학자로서 피렌체에 입성했다.

일반적으로 서문에서는 글을 쓴 의도나 내용을 소개하는데, 대공에게 헌정한 《별의 소식》과 《컴퍼스 작동법》은 대공의 위엄을 찬양하는 낯 뜨거운 미사여구로 시작된다. 원래 헌정사가 그런 건지 모르지만, 산 마르코 광장의 종탑에 올랐을 때는 베네치아공국의 도제에게 망원경을 헌납했고 그 망원경으로 발견한 목성의 위성에는 토스카나 대공의 이름을 붙였으니, 갈릴레이가 정치를 잘한 학자였던 것만은 분명하다. 그래서 우주cosmos를 연상시키는 대공 형제의 이름, 즉 코시모, 프란체스코, 카를로, 로렌초를 네 위성에 붙이겠다는 내용을《별의 소식》의 서문에 실었다.

그 덕분인지, 갈릴레이는 1610년 7월 토스카나공국의 궁정 수학자 및 철학자라는 공식 직함을 받아 피렌체로 옮겨 올 수 있었다. 메디치 일가의 공식 수학자 및 철학자가 된다는 것은 연구에만 집중할 수 있는 경제적 지원은 물론이고 학자로서의 명성과 정치적 보호막을 제공받는다는 뜻이다. 그러나 종교적 색채가 짙고 로마와 긴밀한 관계를 맺어온 피렌체는 베네치아와 달리 교회 세력의 힘이 크고 보수적이어서, 훗날 갈릴레이가 자연철학자로서 학문적 지평을 넓히는 데 제약으로 작용한다.

파도바에 머무는 동안, 갈릴레이는 베네치아공화국의 세력이 기울면서 지인이자 베네치아인의 존경을 받던 신학자 파올로 사르피Paolo Sarpi가 습격당하는 모습을 보면서 두려움을 느꼈던 것 같다. 그래서 자유로운 연구보다 보호와 후원을 선택했다. 만약 종교적으로 자유로운 베네치아공화국에 머물렀다면 가혹한 종교 재판은 피했을지도 모른다.

어쨌든 코시모 형제의 이름은 현재 남아 있지 않다. 목성의 위성은 시몬 마리우스Simon Marius가 제안한 이오Io, 유로파Europa, 가니메데Ganymede, 칼리스토Callisto로 불리고 있다. 마리우스 역시 갈릴레이와 같은 시기에 독자적으로 목성의 위성을 발견했다는데, 관측 결과를 늦게 발표했으니 갈릴레이가 첫 관측자라는 사실에는 변함이 없다. 사실 목성에는 갈릴레이가 못 본 위성들이 더 있다. 2018년 5월에 발견된 얼사Ersa, S/2018 J1를 포함하여 현재 목성에는 79개의 위성이 있어서,

■ 갈릴레이가 발견한 목성의 위성. 이오, 유로파, 가니메에, 카스텔로(NASA).

이름을 정하려면 제우스의 자손을 모조리 끌어와도 모자랄 형편이다.

현재 목성에 대한 정보는 망원경과 무인 탐사선이 수집한 자료를 분석해서 얻는다. 최초로 근접한 파이어니어 10호와 보이저 1, 2호, 율리시스, 뉴호라이즌 등의 탐사선과 목성 궤도에 진입한 탐사선 갈릴레오와 주노까지 막대한 정보를 수집하고 있다. 1989년 10월에 발사되어 1995년 12월에 목성 궤도에 진입한 최초의 탐사선이 갈릴레오$^{Galileo, 1989-084B}$였는데, 이보다 더 적절한 이름이 있을까? 아쉽게도 이미 수명을 다한 갈릴레오 탐사선은 2003년 9월 임무를 마치고 목성의 대기권에 진입하여 불꽃으로 사라졌다.

탐사선이 보낸 정보를 분석한 과학자들은 유로파의 표면이 얼음으로 되어 있으며, 매끈한 얼음 아래에 바다가 존재할 수 있고, 생명체가 서식할지도 모른다는 가능성을 읽어냈다. 갈릴레이가 망원경으로 직접 보고 전한 것과 마찬가지로 21세기의 우주선이 보낸 '시데리우스 눈치우스$_{(별의 소식)}$'가 지구에 도착한 것이다.

그 후로 탐사선 주노^{Juno}가 2011년 8월 5일에 출발해 2016년 6월 24일 목성 궤도에 진입했고, 7월 4일 궤도에 안착한 후로 본격적인 탐사를 시작했다. 주노가 보내온 목성의 근접 사진은 상상도 못할 만큼 생생한 정보로 가득해 많은 전문가들이 추가 연구를 진행하고 있다. 주노는 원래 2018년에 목성의 대기에 진입해 항해를 마무리할 예정이었지만 2025년까지 임무가 연장되어, 앞으로도 쏟아져 나올 정보에 대한 기대가 크다.

피렌체에 둥지를 튼 메디치의 궁정 수학자

아르노강 남쪽의 산 조르조 성문Porta San Giorgio으로 나가는 길에 있는 코스타조르조 19번지[*]에는 피렌체로 와서 갈릴레이가 처음 살았던 집이 있다. 강변에서 멀지 않고 바르디니 정원 앞에 위치해 찾기 어렵지 않다. 토스카나공화국의 궁전 수학자로 임명되어 구입한 집인지, 아니면 부모님과 어릴 적부터 살던 곳에 다시 온 것인지는 분명하지 않다. 다만 갈릴레이의 어머니가 파도바에서 첫째 딸을 데리고 왔고 갈릴레이가 둘째 딸과 함께 왔다고 하니, 어머니와 두 딸 그리고 갈릴레이가 함께 살았던 집인 것은 분명하다.

갈릴레이가 달 표면을 관측하고 목성의 네 위성을 찾아낸 것을 기념하는 팻말이 눈에 들어온다. "400주년 기념"이 쓰여 있으니 2009년에 달았을 것이다. 갈릴레이의 벽화가 코너에 있는 하얀 벽을 따라 내려오면 낡은 흙빛의 집이 나온다. 입구에 갈릴레이가 살았다는 팻말이 있고, 2층 벽에는 갈릴레이의 초상이 그려져 있다. 아침이면 어머니와 두 딸의 인사를 뒤로하고 산책하듯 보볼리 정원을 지나 피티 궁전으로 출퇴근했을 모습을 상상할 수 있다. 하지만 연구실이 필요했

[*] 숙소 임대 광고에도 나오는 것으로 보아 피렌체 시나 대학에서 관리하는 집은 아닌 듯하다.

- 갈릴레이가 살았음을 알리는 팻말. "여기, 페르디난도 메디치 2세가 존경한 갈릴레이가 살았다."

던 갈릴레이에게 적합한 집은 아닌 듯하다.

1610년 피렌체로 돌아오기 직전에 갈릴레이는 로마에 다녀왔다. 그 후 여행과 이사로 바빠서 그랬는지, 자주 몸이 아파 쉬어야 했다고 기록되어 있다. 갈릴레이가 지인과 주고받은 편지에 따르면 피렌체의 기후 탓에 건강이 안 좋아졌다는데, 당시 거대한 공사가 여기저기에서 벌어지는 바람에 도심에 흙먼지가 가득했을지도 모른다. 어쨌든 갈릴레이는 피렌체의 공기가 탁하고 겨울이 추워서 건강이 악화되었다고 불평했는데, 실제로 건강 때문에 계획된 여행을 여러 번 취소하거나 변경했던 것을 알 수 있

- 갈릴레이 집을 알리는 초상화(위)와 갈릴레이의 피렌체 집(아래).

다. 첫째 딸 비르지니아가 아버지의 건강을 염려해서 안부를 묻고 수녀원에서 구한 약을 보내겠다고 편지를 종종 쓴 걸 보면 고질병은 생각보다 심했던 것 같다.

피렌체에 온 후 건강이 많이 악화되자, 갈릴레이는 가족들로 북적이는 아르노 강변의 집이 아니라 북서쪽에 위치한 작은 도시 라스트라 아시냐Lastra a Signa의 별장에서 한동안 기거했다. 라스트라 아시냐는 피렌체에서 피사로 가는 열차 노선상에 있는 작은 마을로, 역에서 내려 조금 더 가면 포르토 디 메조Porto di Mezzo라는 작은 동네의 언덕에 별장이 위치해 있다. 친구 살비아티의 별장이었는데, 숲 저택Villa Selva으로 불릴 만큼 경치 좋고 공기가 맑았다.

살비아티는 갈릴레이를 따르던 귀족 청년으로, 갈릴레이가 연구하며 요양할 수 있도록 여러모로 도운 후원자이기도 했다. 살비아티의 별장은 많은 지식인과 관료가 드나들던 만남의 장소였으니, 그를 도와줄 지지층과 제자가 필요했던 갈릴레이에게 안성맞춤인 공간이었다. 베네치아에서 사그레도의 집을 거점으로 즐거운 시간을 보냈던 것처럼, 피렌체에서는 살비아티의 별장에서 지적 자극과 삶의 여유를 누렸다. 그래서인지 갈릴레이의 책의 주인공은 사그레도와 살비아티다. 책에서 살비아티는 갈릴레이를 대변하는 인물로, 베네치아의 사그레도만큼 피렌체의 살비아티도 갈릴레이에게 중요한 인물인 것은 분명하다. 우연인지 모르겠지만, 1614년 살비아티는 사소한 시비 끝에 벌어진 싸움으로 사그레도처럼 젊은 나이에 생을 마감한다.

이곳에 머문 4년 동안 갈릴레이는 연구와 책 쓰기를 게을리하지 않았다. 지동설의 근거가 되어줄 금성의 위상 변화를 관측해냈고, 아리스토텔레스의 천구를 반박하는 자료가 될 태양의 흑점과 위치 변화도

■ 벨로스과르도 언덕 위의 집. 우산 저택 혹은 갈릴레이 저택이라고도 불린다.

밝혀냈다. 갈릴레이가 그림까지 그려서 남긴 흑점 관측 자료는 현재 과학자들이 지구의 기후 변화와 태양의 운동을 연구하는 데 소중하게 사용되고 있다. 이 결과는 1613년에《태양 흑점에 관한 논문Lettere sulle macchie solari》*이라는 책자로 출간되었다.

갈릴레이는 별장 저택 테라스에 망원경을 설치하고 태양, 목성, 금성 등 천체의 움직임을 꼼꼼히 관찰했다. 피렌체에서는 대학에 적을 둔 것이 아니라 관료처럼 궁을 출퇴근하며 개인적으로 연구에 몰두했기에, 그가 머물던 집이 연구실이자 제자와 학자가 드나드는 학교였으며 저술이 이뤄지는 작업실이었다. 다빈치가 제자들을 데리고 다니

* 갈릴레이가 셀바 저택에서 이 책을 썼기에 "셀바에서 온 편지"라고 불리기도 한다.

며 작업할 공방이 필요했던 것처럼, 학자인 갈릴레이도 연구하고 실험할 장소가 필요했다. 다빈치 공방에서 예술작품이 제작되었듯이 갈릴레이의 연구실에서는 책이 출간된 셈이다.

살비아티가 사망한 후 갈릴레이는 피렌체 근교에 자리 잡은 벨로스과르도Bellosguardo의 언덕으로 거처를 옮겼다. 아들 빈첸초와 두 제자가 갈릴레이와 함께 살았는데, 30명 정도의 젊은 학자들이 수시로 드나들며 갈릴레이의 연구와 저술 활동을 도왔다고 한다. 이곳에 머문 14년 동안 여러 권의 책을 집필했는데, 그 결과물은 세상의 이목을 끌었고 동시에 오해와 논쟁을 일으켜 문제가 되기도 했다.

불안한 로마 여행길: 궁정 수학자가 엮인 불미스러운 사건

갈릴레이는 대공의 스승이자 피렌체 최고의 수학자로 존경받았기에 마음껏 연구할 수 있도록 충분한 지원을 받았다. 그런데 갈릴레이의 지위가 높아질수록 일거수일투족이 이슈가 되면서 그를 추종하는 학자만큼이나 반대 세력도 많아졌다.

그중에 《카스텔리에게 보내는 편지Letter to Benedetto Castelli》라는 소책자는 훗날 《크리스티나 대공 부인에게 보내는 편지》로도 재출간되었는데, 피렌체 최고의 학자였던 갈릴레이를 논쟁의 중심에 세우는 시발점이 된다. 제자 카스텔리Benedetto Castelli를 대변해 쓴 글이었다. 편지의 원문과 책이 모두 남아 있는데, 일반 대중에게 전하는 갈릴레이의 강연이라고 보는 것이 타당하다.

피사 대학의 교수이자 갈릴레이의 제자인 카스텔리가 코시모 2세의 어머니인 크리스티나 부인과 대화를 나누다가, 부인이 코페르니쿠스의 이론이 왜 성경 구절과 상반되는지 질문했다. 특히 태양과 달을 여

호수아가 멈추게 했다는 구절이 코페르니쿠스의 주장과 다른데, 그렇다면 성서가 틀렸다고 할 수 있는지 물은 것이다. 카스텔리는 자신의 설명이 부족했는지 대공 부인이 이해하지 못한 것 같다고 스승에게 편지로 알렸고, 갈릴레이는 제자에게 보내는 편지의 형식을 빌려 질문에 답했다.

그리고 이 편지를 논문으로 출간했는데, 이 내용이 화근이 되었다. 자연의 이치는 관찰과 실험으로 알아내야 하며, 성서는 자연의 이치를 설명하려고 쓰인 것이 아니라 구원에 이르는 길을 알려주려는 목적으로 쓰인 것이니 문맥과 상황을 고려해서 해석해야 한다는 내용이었다. 그러니 성서를 글자 그대로 해석하지는 않아도 될 뿐 아니라 코페르니쿠스의 주장이 문제없다는 뉘앙스였다. 충분히 이해할 만한 논리적 설명이지만, 당시에는 꽤 도전적인 주장이었다. 자연 현상을 이

■ 갈릴레이의 친필 서명이 있는 카스텔리에게 보낸 원본 편지(영국 왕립학회 소장).

해하기 위해서는 권위적 해석에 매몰되지 말고, 직접 경험하고 실험해서 해석해야 한다고 주장했기 때문이다.

갈릴레이의 유명세와 파격적인 주장 덕분에 짧은 논문이어도 순식간에 팔릴 만큼 파급효과가 컸다. 덕분에 세계적인 학자들로부터 찬사를 받았지만, 갈릴레이의 사고가 위험하다며 맹비난을 퍼붓는 학자와 성직자도 많았다. 생각지도 못하게 논쟁이 가열되자, 갈릴레이는 교회에서 문제 삼기 전에 자신의 의도를 분명히 하고 지지 세력을 안심시키기 위해 급히 로마로 향했다. 로마 교회가 성직자이자 학자였던 조르다노 브루노Giordano Bruno를 어떻게 처형했는지 지켜본 탓도 있을 것이다. 로마에 도착한 갈릴레이는 아리스토텔레스적 사고에서 벗어난 부분이 있긴 하지만 자신의 설명이 성서에 위배되지는 않는다며 과학적 근거와 논리로 맞섰다.

하지만 이전과 달리 로마의 여론은 우호적이지 않았다. 그의 태도를 불편하게 생각하는 사람도 늘었다. 1615년 2월에는 로마의 검사성이 이를 본격적으로 심의하기 시작했고, 3월, 4월, 11월의 정규 회의에서도 주요 쟁점으로 올려 논문의 이단성을 계속 심의했다. 상황이 복잡해지자 갈릴레이는 1615년 12월에 다시 로마에 가서 반대 세력과 교황청의 고위 인사를 직접 만나 설명하고 다양한 모임에 참석해 자신을 변호했다.

그러나 1616년 2월에 나온 심의 결과는 걱정스러웠다. 검사성의 벨라르미누스 추기경은 갈릴레이에게 코페르니쿠스식 사고, 즉 지구의 자전과 태양을 중심으로 한 공전은 사실이 아니며 옹호해서도 안 된다고 권고했다. 3월에는 금서성에서 코페르니쿠스의 《천체의 회전에 관하여》가 성서에 위배된다고 공식 발표하며 출판을 금지시켰다.

당시 로마에 있던 갈릴레이의 지인이나 조력자는 성서에 위배되지 않는 선에서 연구하고 언행을 조심하길 조언했고, 갈릴레이는 위기를 모면하려 최선을 다했다. 이 방어전이 얼마나 소모적이고 힘들었는지, 피렌체로 돌아온 갈릴레이는 한동안 몸져누웠다.

캄포 데 피오리: 브루노의 그림자, 갈릴레이를 옥죄다

로마시를 가로지르는 테베레강^{Fiume Tevere}을 따라 구시가지로 들어가면 장터로 사용되는 피오리 광장, 캄포 데 피오리^{Campo de Fiori}에 닿는다. 15세기 전에는 평범한 들판이었던 땅에 건물이 많이 들어섰고 도시가 확장되면서 도로를 정비하고 남은 자투리 공간이 광장이 되었다.

▪ 식품, 차, 과일, 꽃 등을 파는 작은 피오리 광장의 장터 끝에 망토를 둘러쓰고 있는 브루노의 동상이 보인다.

■ 브루노의 초상.

이 광장은 예전부터 사람들이 많이 다니는 길목이라, 장이 열리거나 대중 강연, 토론, 범죄자에 대한 형이 집행되던 곳이다. 예전에는 주로 옷이나, 활, 가축, 사료, 커피 등이 거래되었고, 현재는 요일이나 기간에 따라 다른 물품이 거래되는 작은 규모의 재래시장이다.

장터의 하얀 그늘막 위로 솟은 음울한 브루노의 청동상은 시장과 어울리지 않았다. 꽃과 음식이 거래되는 이곳에서 화형 재판이 거행되었다는 역사적 사실이 참 낯설었다. 1600년 2월 17일, 우주와 세상을 바라보는 자신의 신념을 떳떳이 밝히고 교황청에 저항했던 조르다노 브루노는 이단 행위를 했다는 죄목으로 불길 속에서 고통스럽게 생을 마감했다.

도미니크 교단의 수사였던 브루노는 1548년 나폴리의 작은 도시 놀라Nola에서 태어났다. 종교 서적 이외의 책에도 관심이 많아서 코페르니쿠스와 루크레티우스 등 당시 교황청이 위험하게 생각하는 사상가들의 책을 읽고 우주와 자연에 대한 생각에 깊이 빠져 있었다. 당대 학문의 근간이었던 아리스토텔레스의 설명이 만족스럽지 않았던 브루노는 스스로 성찰하고 연구한 후 자신의 생각과 신념을 과감하게 표현했고, 기존의 관념을 비판하는 데도 거리낌이 없었다.

덕분에 교회에서 이단자로 몰릴 것을 두려워하여 유럽 여러 나라를 떠돌아다녔지만, 곳곳에서 강연하며 어디에서든 자신의 생각을 알리는 데 주저하지 않았다. 많은 지식인과 성직자를 만나며 생각을 더욱

184

확장했고, 신학과 우주론은 물론이고 연금술과 점성술, 마법과 심리학 분야까지 연구했다.

1584년에 런던에서 출간한 《무한자와 우주와 세계》는 브루노의 우주론적 세계관을 잘 보여준다. 갈릴레이처럼 대화 형식을 빌어 쓴 책인데, 아리스토텔레스적 시각으로 우주를 설명하는 것이 잘못되었다고 설명한다. 그리고 우주의 중심은 지구도, 태양도 아니며, 지구와 같은 별은 무수히 많고 우주는 경계가 없으며 무한하다고 주장했다. 그 끝없는 우주 어딘가에는 인간과 유사한 생명체가 존재한다고 믿으며 그와 비슷하게 생각했던 루크레티우스의 시구를 소개하는 등 당시로는 파격적인 내용을 담았다.

무한 우주에 대한 논쟁은 지금도 여러 학자가 다룰 만큼 어렵고 근원적인 주제다. 그런데 기독교적 우주관이 세상을 지배했던 16세기에 신비주의의 영역을 넘나드는 발언을 실었으니, 얼마나 큰 논란이 되었는지 불 보듯 뻔하다.

흥미로운 사실은 1591년 여름에 이탈리아의 귀족이었던 모체니고Giovanni Mocenigo의 초청으로 베네치아로 돌아온 브루노가 당시 4년간 공석이었던 파도바 대학의 수학과 교수직에 지원했는데 임용되지 못하고, 1년 뒤에도 공석이었던 그 자리에 임명된 학자가 바로 갈릴레이였다는 점이다. 당시 피사 대학에 재임용될지 여부가 불투명했던 갈릴레이는 파도바 대학의 수학과 교수직에 지원했고, 후원자였던 귀도발도 델 몬테와 그의 소개로 알게 된 베네치아공화국 인사들의 도움으로 그 자리를 차지했다.

반면 브루노는 갈릴레이가 파도바로 오기 한 달 전에 그를 초청해준 모체니고의 신고로 이단 혐의를 받고 종교재판소로 끌려갔다. 재판을 기다리는 동안 두칼레궁 옆의 감옥에 갇혀 있었는데, 지붕은 납판이라 여름에는 찌는 듯 덥고 겨울에는 지하에서 올라오는 습기 때문에 견디기 힘든 곳이었다. 고문이 심해지자 처음에는 잘못을 인정하고 나가려고도 했지만, 상황이 더 악화되면서 로마의 종교재판소로 이송되었다. 로마에서는 교황청의 교도소였던 산탄젤로성과 노나 탑 Tor di Nona에 여러 해 갇혀 있었다.

시간이 갈수록 브루노의 신념은 더욱 견고해졌고, 로마에서는 단한 번도 잘못을 인정하지 않았다. 여러 책에 기록된 고문 방법이 사실이라면, 그는 감옥에 갇혀 있던 8년간 끔찍한 나날을 보냈을 것이다. 그런데도 교황청이 제시하는 어떤 협상에도 응하지 않았고 오히려 고문관들을 꾸짖었다고 하니, 그 단단한 신념이 놀랍기만 하다.

최종 판결 직전인 1599년 10월에 있었던 마지막 심문에서도 브루노는 자신이 한 말과 행동에는 잘못이 없으니, 교황청이 원하는 대로는 답하지 않겠다고 강변했다. 사형 판결을 받고도 재판장을 향해 "말뚝에 묶인 나보다 불을 붙이려는 너희가 더 두려움에 떨 것이다"라고 외쳤다. 이미 고통 따위에 굴복할 마음이 없는 상태가 아니었을까.

로마의 재판정은 브루노의 죄를 8가지 항목으로 정리하고 이단자로 공표한 후 법정 최고형인 사형을 선고했다. 형 집행관들은 잔인하게도 그의 혀를 쇠막대로 고정시키고 재갈을 물린 채 많은 사람이 지켜보는 앞에서 불태워 죽인 후, 남겨진 잔해는 티베르 강가에 뿌렸다.

브루노는 과학자라고 말하기에는 부족하지만, 자신이 확신했던 진실을 지키기 위해 목숨까지 바쳤다. 그리고 이런 브루노의 마지막은 갈릴레이에게도 깊이 각인되어 그의 행동이나 결정에 영향을 끼쳤을 것이다.

실험과 경험의 증거를 과학적 방법으로 내놓지는 못했지만, 우주와 자연에 대한 브루노의 고찰은 아리스토텔레스의 견고한 틀을 깨는 데 기여했다. 브루노의 책《무한자와 우주와 세계》의 머리말에 실린 "나는 확신에 차 흔들리거나 두렵지 않으며, 진리를 덮은 안개를 걷으러 별이 있는 우주로 간다"라는 다짐은 읽을수록 와닿는다.

교황청에서 브루노의 책을 금서로 지정하고 유해를 강에 흘려보내면 사라질 것 같았지만, 오히려 사람들의 머릿속에 각인되어 영원히 남았다. 19세기 말이 되자 늘어난 브루노의 추종자들이 다시금 그를 세상으로 불러냈다. 1889년 6월 9일, 프리메이슨리를 주축으로 한 유럽의 지식인 집단은 "종교 그리고 사상의 자유와 인간 존엄"의 중요성을 강조하며 브루노의 조각상을 피오리 광장에 세웠고 대대적인 기념행사를 진행했다. 그러자 교황 레오 13세가 금식 기도를 하며 반대했을 정도로 파장이 컸다.

조각가 에토레 페라리^{Ettore Ferrari}가 제작한 브루노의 청동상이 이곳에 세워진 후, 광장은 사상의 자유가 얼마나 소중한지 끊임없이 되새기는 상징적인 장소가 되었다. 매년 열리는 기념행사에 많은 사람이 찾아오는 것은 물론이고, 평일에도 이곳을 찾는 사람들이 의외로 많았다. 동상의 기단에는 옥스퍼드 대학의 강단에 선 브루노와 종교재판소와 화형장의 모습이 청동판에 부조로 새겨져 있다. 원형 메달 안에는 억압에 맞서 사상의 자유를 외쳤던 위인들의 옆 모습도 함께 새겨놓았는데, 갈릴레이는 뜻을 꺾고 재판정에서 죄를 시인했기 때문에 여기에 포함되지 않았다. 동상의 정면에는 청동 기념비를 세우는 날, 대표 연설을 맡았던 이탈리아의 정치가이자 철학자인 조반니 보비오^{Giovanni Bovio}가 "브루노, 그대가 불태워짐으로 시대는 성스러워졌노라"

라고 추모한 글이 적혀 있다. 덕분에 많은 과학사 서적에서도 이 문구를 종종 볼 수 있다.

생각과 표현의 자유가 얼마나 중요한지, 브루노가 과학사적으로 어떤 의미가 있는지 되새기며 광장에 갔지만, 세계 여러 지역에서 온 방문객들이 남기고 간 꽃, 화분, 그리고 마음을 담아 붙인 메모가 주는 울림이 더 컸다.

로레토 산타 카사 성당: 그는 왜 순례길에 올랐는가

베네치아에서 기차를 타고 앙코나에서 다시 바꿔 타면 3시간 20분 정도 걸려 로레토^{loreto}에 도착한다. 멋진 바닷가 풍경이 끝나고 들판만 보이더니, 높은 언덕과 빼곡히 들어선 집이 시야에 들어왔다. 거대한 요새 도시처럼 산타 카사 성당^{Basilica della Santa Casa}이 중앙을 차지하고 그

주위에 마을이 형성된 신기한 곳이었다. 도대체 어떤 성당이기에 로마에 다녀온 갈릴레이가 이 먼 곳까지 찾아왔을까? 게다가 데카르트 역시 비슷한 시기에 이 성당을 방문한 기록이 있다.

로레토는 이탈리아어로 월계수^{Lauretum}를 뜻하는데, 천사들이 나자렛에 있던 성모마리아의 집을 아드리아해 너머 월계수가 가득한 숲으

▪ 산타 카사 성당 출입구에 비치된 한국어 설명서.

■ 산타 카사 성당 정면.

로 옮겨놓았다고 해서 붙은 이름이다. 성모마리아의 집을 교회로 정
비한 것이 산타 카사 성당으로, 나자렛의 집터만큼이나 중요한 성지
다. 전설의 진위는 차치하고라도 여러 교황이 이곳을 방문했다. 그래
서인지 성당 건축에 참여한 예술가와 건축가의 면면이 화려하다.

성당이 역에서 가까워 보이지만, 해발 127미터에 위치해서 꽤 가
파른 경사를 걸어야 하므로 17세기의 도로 상태나 운송 수단을 생각
하면 결코 가기 쉬운 곳이 아니었다. 로마와 피렌체에도 유명한 성당
이 즐비한데 이 먼 곳까지 찾아왔다면, 그만큼 절실한 이유가 있었을
것이다.

성당 안에 들어서면 예배석 앞, 제단 뒤쪽에 대리석으로 둘러쳐진 마리아의 집을 볼 수 있다. 나자렛에서 가져온 소박한 벽돌집의 정면에 제단을 만들고 천장을 이어서 성소를 꾸며놓았다.

성모의 집을 방문하고 기적적으로 병을 고쳤다는 이야기가 많은데, 어쩌면 갈릴레이도 고질병을 치료하고 싶어서 순례길에 올랐을 수도 있다. 작가인 데이바 소벨은 '치유의 장소'로 알려진 산타 카사에 환자들이 모여드는 것을 보고, 갈릴레이도 건강을 기원하며 성당을 찾았을 것이라고 주장한다.[*] 실제, 파도바 대학의 의과대학 연구팀은 소장하고 있는 갈릴레오의 척추뼈와 문헌 자료를 분석해 골 증식증^{osteophytosis}과 류

• 나자렛에 있는 성모마리아의 집 구조. 동굴 입구 쪽에 있던 벽돌로 쌓은 벽 부분이 옮겨 온 것이다(십자군전쟁 당시 약탈해 온 것이라는 설명도 있음).

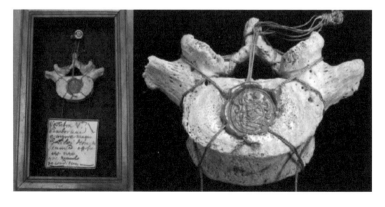

• 갈릴레이의 척추뼈 한 마디(파도바 대학 소장).

머티즘을 앓았던 징후를 발견했다. 이는 갈릴레이가 관절염을 앓았다는 증거로, 세균 감염에 의한 류머티즘이 실명의 원인이 되었으리라고 본다. 그렇다면 소벨의 해석처럼 이미 병자를 기적적으로 치유하여 유명해진 이곳으로 순례를 떠났다고 봐도 무방할 것이다. 한편 로마에 다녀온 후라는 점을 감안하면, 건강을 뛰어넘는 절실한 동기가 있지 않았을까 싶기도 하다.

《카스텔리에게 보내는 편지》에 잘 드러나 있듯, 갈릴레이는 자신의 과학적 연구가 신앙적 신념에 어긋난 행동이 아님을 증명하고 싶었을 것이고, 산타 카사는 그런 측면에서 위로나 면죄를 구하는 최적의 장소로 보인다.

담백하게 지어진 외관과 달리 산타 카사 성당의 내부는 화려했고, 언덕 위를 꽉 채울 만큼 규모가 컸다. 그 속에 있는 마리아의 벽돌집은 생각보다 작았는데, 엄숙한 분위기에서 기도하는 사람들로 붐볐다. 택시에서 동승한 크로아티아인이 동유럽에서는 이곳이 널리 알려진 성당이라고 알려주었는데, 갈릴레이의 시대에는 예루살렘에 가지 못하는 순례객들이 줄을 이었을 것 같다.

우주의 근원에 대한 고민: 수학은 과학의 언어

책을 쓰느라 바빴던 갈릴레이지만 하늘의 변화를 관측하는 일을 게을리하지는 않아서 이즈음에는 토성의 위성을 관측하고 있었다. 1618년 9월에 처음 혜성이 관측된 후로 세 차례나 혜성이 나타나 천문학자의 이목을 끌었는데, 정작 갈릴레이는 이를 대수롭지 않게 여

---

* 저자가 보낸 메일에, 갈릴레이가 건강을 염려해서 치유의 장소에 갔을 것이라고 답했다.

겼다.

1623년에 출간된 《시금관il Saggiatore》과 1619년에 있었던 제자 마리오 귀두치의 강연에서 갈릴레이는, 혜성은 실제로 존재하는 별이 아니고 천구 내부에 비친 태양광선 때문에 일시적으로 관측된 착시 현상이라고 주장했다. 코페르니쿠스의 이론을 지지하고 망원경을 가장 잘 활용한 갈릴레이가 한 설명치고는 아쉬운 점이 많다. 그러나 이 혜성에 대한 아리스토텔레스적 해석을 제외하면, 금을 측정하는 저울을 뜻하는 제목의 이 책은 물질과 우주를 바라보는 갈릴레이의 자연관이 잘 드러난 주요 저서 중 하나다. 그는 철학은 우주의 본성을 알아가는 과정이며, 우주의 이치를 깨우치기 위해서는 수학의 언어를 알아야 한다고 강조했다. 우주는 수학의 언어로 쓰여 있으니 수학으로 물리적 세상의 진리를 찾으라고 한 유명한 문구가 바로 이 책에서 등장한다.

《카스텔리에게 보내는 편지》에서 설명했던 것처럼, 갈릴레이는 권위에 의존하지 말고 직접 관측해서 진리에 접근할 것을 다시 한번 강조한다. 이는 현대 과학철학에서도 주목하는 주제여서 갈릴레이의 철학이나 이론이 왜 근대 과학의 시작인지 알 수 있다. 색, 소리, 냄새, 맛처럼 주관적 감각에 의존하는 정보에 호도되지 말고, 물질의 본질적 실체, 즉 크기, 형태, 부피, 운동, 수 등을 객관적으로 관측하고 실험으로 검증하여 현상을 이해해야 한다는 것이다. 게다가 이 책에서 갈릴레이가 물질을 정의하는 방식은 루크레티우스의 《사물의 본성에 대하여》와 상당히 흡사하다. 따라서 물질의 근원을 원자로 인식하는 견해를 수용하고 있다는 사실을 알 수 있다.

루크레티우스의 사상은 에피쿠로스와 데모크리토스의 원자론 혹은 다원론에 그 뿌리를 두고 있다. 이는 기독교적 사상과 큰 대척점을 이룬다. 사실 갈릴레이가 코페르니쿠스 이론을 바탕으로 한 지동설을 수용했기에 종교 재판에 회부되었다는 것은 표면적 이유이고, 실질적으로 교황청이 문제 삼고도 비밀에 부쳤던 내용은 갈릴레이가 원자설을 인정했다는 점이다. 다만 이 책은 교황청이 갈릴레이에게 우호적일 때 출간되었고 상당히 문학적으로 쓰여 비유와 풍자 등 뛰어난 표현만 입에 오르내렸을 뿐, 혜성을 해석하는 논쟁의 파급력 때문에 물질을 정의하는 내용으로 비난받거나 논쟁에 휩쓸리지는 않았다. 오히려 나오자마자 급속히 팔려나가 문장을 암송하는 사람이 생길 정도로 대중적으로 인기가 높았다. 심지어 1623년에 교황 우르바노 8세로 선출된 마페오 바르베리니Maffeo Barberini 추기경도 이 책에 깊이 감동받았다고 고백했을 정도다.

이 책에 나온 인상적인 비유 중에 귀뚜라미 이야기가 있다. 한 사내가 귀뚜라미의 아름다운 소리가 어디에서 나는지 알기 위해 입도 막아보고 날개도 못 움직이게 고정해보고 몸통의 기관도 하나하나 바늘로 찔러 마비시켜보았지만, 귀뚜라미는 계속 소리를 냈다. 그러자 인대에서 소리가 날 것이라고 잠정적인 결론을 내리고 인대를 찔렀다. 그런데 귀뚜라미가 죽는 바람에 사내는 답을 알 길이 없었다. 한낱 미물인 귀뚜라미가 우는 원리도 모르는데, 우주와 자연에 대한 진리는 얼마나 많은 연구와 다양한 실험을 거쳐야 조금이라도 알 수 있는지, 권위에 의한 선험적 지식이 진리를 어떻게 호도하는지 간접적으로 잘 보여주는 비유다.

번역된 책이 많지 않아서 주로 과학적 발견만 중요하게 들여다보게 되지만, 갈릴레이의 책은 철학적 깊이와 비유나 구도를 활용한 문학적 표현, 그리고 이미지의 예술성 등 챙겨 볼 부분이 많다. 그래서 갈

■ 갈릴레이의 《시금관》(갈릴레오 박물관 소장).

릴레이라면 망원경과 피사의 사탑만 떠올리는 것이 참 안타깝다.

갈릴레이는 교황의 칭찬에 보답하기 위해 《시금관》의 서문을 수정한 후 직접 책을 헌정하기 위해 다시 로마로 나섰다. 교황을 만나 자신의 연구를 직접 소개하고 그의 지지를 공고히 하고 싶었을 테고, 적대세력에게는 자신의 인맥과 지위를 과시하고 싶었을 것이다. 1624년 4월에 출발해서 두 달 정도 머물렀는데, "하늘에 빛나는 목성과 그 위성처럼 당신의 명성도 밝게 빛날 것"이라는 칭찬을 들었다고 한다. 이때만 해도 이 일이 훗날 종교재판장에 서는 불행의 빌미가 될 것이라고는 생각하지 못했을 것이다.

《카스텔리에게 보내는 편지》로 인한 논란은 이미 8년이나 지난 옛날 일이지만 그때의 이야기가 꼬리표로 남는 것이 싫었던지, 갈릴레이는 프란체스코 인골리Francesco Ingoli가 쏟아부었던 논쟁에 일일이 반박하는 글을 썼다. 이 글은 인골리에게 전달되기도 전에 로마 전역에 필사본이 퍼져 화제가 되었다. '인골리에게 보내는 답신'이라는 글에는 인골리가 코페르니쿠스의 이론이 잘못되었다고 했던 반박의 근거나 설명이 불충분하며 잘못되었다고 신랄하게 비판했고, 공전의 중심이 태양이라고 생각하는 자신의 견해를 구체적으로 밝혔다. 이 글을 환영한 주변의 반응에 자신감을 얻은 갈릴레이는 지구의 자전과 공전, 그리고 밀물과 썰물을 연구한 책《두 우주 체계에 대한 대화》를 집필한다.

6장

르네상스의 거인들

1
노년의 다빈치

화가의 과학 노트: 해부학과 경험과학

1504년, 다빈치는 아버지의 부고를 듣고 밀라노에서 피렌체로 돌아왔다. 중단했던 시뇨리아궁 벽화 작업을 재개하여 장인과 피렌체 시민의 주목을 받았으나, 1506년에 〈암굴의 성모마리아〉에 관한 분쟁을 마무리해야 한다는 핑계로 그는 다시 밀라노로 가서 눌러앉아버렸다.

밀라노를 점령한 프랑스 왕실은 다빈치에게 후원을 아끼지 않았고 그가 원하는 일을 마음껏 할 수 있도록 지원했으니, 피렌체로 돌아갈 이유가 없었다. 더구나 다빈치가 밀라노에서 할 일이 많으니 재촉하지 말고 끝날 때까지 기다리라며 프랑스 왕실에서 공식 편지까지 보내 보호막이 되어주었다. 다빈치는 〈앙기아리 전투〉가 빨리 마무리되기를 바라는 피렌체 시민의 기대와 시선이 부담스러웠고 자신에게 대항하며 나선 미켈란젤로도 마뜩잖아서 다시 피렌체로 돌아가서 작업

■ 스스로 움직여 물고 온 백합을 내려놓았다는 자동 사자 모형.

할 마음이 전혀 없었다.

더구나 아버지와 삼촌의 유산 상속 문제로 피렌체를 방문했을 때 그가 마주한 현실은 유년의 기억과 상처의 쓸쓸함뿐이었다. 사생아로 태어나 제대로 보살핌도 받지 못하고 살았건만, 그의 몫으로 남겨진 유산이 없었던 데다 아버지는 유언장 어디에서도 그를 아들로 인정해 주지 않았다. 또한 삼촌이 다빈치에게 남긴 재산조차 이복형제들이 갖겠다며 소송을 걸었으니 한시라도 빨리 피렌체를 벗어나고 싶었을 것이다.

이즈음 다빈치는 회화가 아닌 다른 분야에 열정을 쏟아붓고 있었다. 그래서 해야 하는 일이 많은 피렌체보다 원하는 일은 못 할 것이 없는 자유로운 밀라노가 훨씬 잘 맞았다. 프랑스 총독 샤를 당부아즈 Charles d'Amboise는 다빈치가 편하게 일하도록 최고의 환경을 제공했고,

새롭고 격에 맞게끔 궁전 행사를 잘 치르고 주문받은 그림만 제작해주면 그가 하고 싶은 일을 마음껏 할 수 있도록 지원해주었다. 다빈치는 행사나 축제를 지휘하고 감독했고 무대 설치에 공을 들였는데, 움직이는 용이나 사자를 등장시키거나 동굴이나 산, 지옥처럼 무대 배경이 바뀌거나 열리는 등 특수한 장치를 설계한 덕에 관객의 환호를 받았다고 한다. 오페라 형식의 음악극도 직접 제작하고 감독했다고 하니, 밀라노에서도 할 일은 차고 넘쳤다.

그러나 다빈치가 행사를 즐긴 이유는 특수 장치나 무대 연출보다는 모임에 참석한 다양한 분야의 인사와 만날 수 있었기 때문이다. 학자를 찾아다니며 교류하고 배우는 것을 좋아했기에, 물의 움직임, 인체 해부도, 지질학, 연금술, 천문학 등 스스로 관찰하거나 책을 보기도 했지만, 유명한 학자를 찾아 조언을 듣는 일에 항상 열려 있었다.

그는 공방의 제자에게 일감을 나눠주고 자신이 좋아하는 주제를 탐구하는 일에 시간과 에너지를 쏟아부었다. 이 시기의 노트를 초창기와 비교하면, 그의 사고가 훨씬 깊어지고 확장된 것을 확인할 수 있다. 이전에는 인체의 내부나 뇌 등 각 기관의 구조와 형태에 관심이 많았다면, 이제는 근육, 뼈, 혈관 등이 어떻게 연결되고 움직이는지를 집중적으로 관찰해서 종합적인 해부도를 그렸다.

그가 인체에 관심을 갖게 된 데는 피렌체에서 경쟁하던 미켈란젤로의 조각상도 영향을 끼친 것으로 보인다. 다빈치는 인체의 움직임, 표정, 감정을 더 자유자재로 표현하기 위해 회화적 기법과 과학적 지식을 총동원했다. 그래서 근육이나 혈관이 피부, 뼈와 어떻게 연결되는지 면밀하게 분석하려고, 조건을 바꿔가며 여러 실험을 반복했다고 한다. 혈관에 물을 집어넣고 각 부분을 눌러가며 확인한 것은 물론이

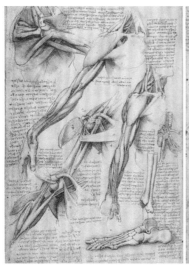
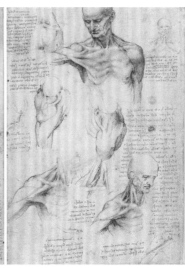

▪ 다빈치의 해부도(영국 윈저성 왕립 도서관 소장).

고, 어린아이와 이제 막 죽은 노인의 시체를 비교하여 죽음의 원인을 추론했다. 노인의 혈관이 얇고 막혀 있는 것을 근거로 현대 의학에서 동맥경화라고 부르는 증상의 원인을 찾아 메모해두었다.

다빈치는 인체와 관련된 현상에 의문이 생기면 파비아 대학의 마르칸토니오 델라토레 교수에게 묻거나, 도서관으로 달려가 책에서 지식을 습득하곤 했다. 그러나 책에 기록된 기존 지식의 한계를 알았기에, 권위적 해석에만 의존하지 않고 직접 보고 실험하기를 주저하지 않았다. 정맥과 동맥을 그리기 위해 냄새나고 어두운 해부실에서 여러 구의 시체를 뒤지며 특징을 찾아내거나, 뼛속이 어떻게 되어 있는지 알아보기 위해 여러 부위의 뼈를 절단해서 관찰하고 그림을 그렸을 정도다.

그는 고전을 암송하고 반복해서 읽어 지식을 습득하는 것을 싫어했다. 대신에 문헌을 철저히 분석한 후에는 반드시 실험으로 검증하는 스피리엔차를 강조했다. 이런 태도는 과학 혁명기에 대두된 경험과학과 맥락을 같이하며 훗날 갈릴레이가 취한 방식과도 닮았다. 그는 관찰하는 수준을 넘어 각 기관이 어떻게 연결되어 작동하는지를 알아내는 데 집중했으며, 오랫동안 축적한 정보를 분석, 조합하고 과학적 추론으로 현상을 이해하여 원리에 접근했다. 다빈치가 얻은 정보는 유기체의 운동뿐 아니라 정신적 활동 혹은 자연과 우주의 섭리를 해석하는 데까지 확장되어 적용되었다. 인체의 조직과 구조를 식물이나 건축, 심지어 우주를 해석하는 방식으로도 사용하는 점은 낯설면서도 흥미롭다.

다빈치의 인체 해부도는 최고의 과학 노트라 할 만하다. 시체를 수차례 해부해가며 관찰한 데다, 회화적 표현에도 최고인 장인이 그린 것이니 사실적이고도 생생하며 예술적 표현도 뛰어나서 '아름다운 해부도'라고 불린다. 델라토레의 강의를 듣던 대학생들도 해부실에서 다빈치가 그린 스케치에 감탄했을 정도라고 한다.

그는 전체를 한번에 볼 수 있도록 투시하듯 표면을 걷어내고 내부만 보여주었고, 입체적이어서 3차원 그래픽 영상을 보는 것 같은 해부 스케치를 여러 장 그려냈다. 갈릴레이가 그린 망원경으로 관측한 달 그림이 사실적 정보를 잘 전달했던 걸 떠올려보면, 두 사람이 파라고네 논쟁에서 그토록 강조했던 회화의 힘이 과학적 사고에 얼마나 큰 도움이 되는지 알 수 있다.

그렇게 차곡차곡 모인 200여 장 넘는 그림은 이탈리아가 자랑하는 파도바 대학의 안드레아스 베살리우스가 그린 해부도보다 훨씬 정교하다는 평을 듣는다. 베살리우스의 '인체의 구조'(1543)보다 30여 년

전에 그려진 것이니, 다빈치의 관찰과 기록이 얼마나 시대를 앞서나갔는지 알 수 있다. 다만 그의 노트가 잘 보존되거나 책으로 출간되지 못해 해부학이나 의학사에 이름을 올리지 못한 것이 안타까울 뿐이다.

당시 이탈리아의 유명한 대학에서는 극장이라 불리는 관람석에서 의과대학의 해부 교육 과정을 직접 지켜볼 수 있었다. 교수의 지시에 따라 이발사였던 칼잡이가 인체를 해부하고, 교수가 조목조목 설명하는 식으로 강의가 진행되었다. 파비아 대학의 교수였던 마르칸토니오 델라토레와 의기투합한 다빈치는 그의 수업에 참여해 해부도를 그렸다.

원래는 델라토레의 책에 인체 해부도를 그려 넣어 출간할 계획이었는데, 델라토레가 흑사병으로 사망하고 다빈치 역시 밀라노에 머물 형편이 못 되자 서적을 출간하는 계획이 흐지부지되고 말았다. 남은 인생의 동반자가 되어준 제자 멜치를 만나 평안한 시간을 보내긴 했지만, 멋진 그림을 책으로 출간할 기회는 영원히 잃고 말았다.

대가의 과학 노트: 생물학, 지질학, 천문학

운하 작업 탓인지 다빈치는 물의 형상과 힘에 꾸준히 관심을 보였다. 요새와 참호를 만들기 위해 지형을 파악하러 다니면서 얻은 정보를 허투루 넘기지 않았는데, 식물이며 토양, 돌, 지층을 세밀하게 관찰하고 기록하고 분석해서 군사 시설을 짓는 데 활용했다. 과학적 주제에 관한 사고가 깊어지면서 그는 모든 정보를 조합하여 체계적으로 사고하는 경지에 이르렀다. 정보에서 패턴을 찾고 이를 설명하는 이론을 유추해낸 것이다. 그리고 다시 분야와 범위를 확대해 이론을 적용하고, 우주와 자연의 섭리를 같은 관점에서 해석하기 위해 통합적이고 유기적으로 사고했다.

이즈음에 작성한 노트 〈코덱스 레스터〉는 〈코덱스 아틀란티쿠스〉보다 깊고 넓어진 다빈치의 사고를 잘 보여준다. 〈코덱스 레스터〉는 1717년 레스터 백작이 밀라노에서 구입해 소장하고 있던 다빈치의 노트로, 1980년 미술 수집가였던 아먼드 해머Armand Hammer가 구매해서 300만 달러라는 기록적인 금액으로 팔았는데, 현장에서 이 코덱스를 구입한 사람이 빌 게이츠라고 앞서 서술하기도 했다.

코덱스를 분석했던 진화생물학자 스티븐 굴드Stephen J. Gould는 다빈치를 지질학자라고 칭송할 만큼 그의 연구를 높이 평가했다. 그가 지구의 역사를 추정하는 방법으로 조갯껍질 화석과 지층의 퇴적 단면을 비교 분석한 것은 19세기의 지질학자가 16세기로 타임머신을 타고 가서 쓴 글이라 할 만큼 현대적 과학 지식의 체계를 갖추었다는 것이다. 퇴적 지층에 화석이 형성되는 과정이나 강물의 침식 작용으로 계곡이 만들어지는 것을 설명하는 방식, 여러 겹의 지층에서 발견되는 화석의 종류와 형태로 지층이 형성될 당시의 환경을 추론하는 과정은 현대 이론이나 과학 상식과 유사하다. 그래서 안드레아 바우콘Andrea Baucon은 생명체가 남긴 흔적 화석으로 지각 형성 당시의 환경을 추론한 다빈치를 생흔학ichnology 연구의 기원으로 생각해도 된다고 할 정도였다.

특히 롬바르디아 지형을 조사하고 피렌체로 돌아온 후에 완성한 〈성모와 실패〉나 〈암굴의 성모마리아〉의 배경에는 겹겹이 쌓인 퇴적 지층이나 석회암 동굴이 잘 묘사되어 있고, 지층이 형성될 당시 생명체가 움직이면서 만든 흔적 화석까지 표현되어 있다. 꽃이나 새의 날

▪ 〈성모와 실패〉(스코틀랜드 내셔널 갤러리 소장).

▪ 〈암굴의 성모마리아〉(파리 루브르 박물관 소장).

개, 고향의 풍경을 사실적으로 묘사했던 초창기 그림과 비교해볼 때 과학적 정보가 훨씬 업그레이드되어 포함되어 있는 것을 확인할 수 있다.

다빈치는 조갯껍질 화석으로 지각의 운동까지 알아냈다. 산 정상에서 조갯껍질 화석이 발견된 것은 대홍수 때문이라는 당대의 설명을 비판하고, 지구 내부의 힘 때문에 땅이 솟아오른 것이라고 설명했던 것이다. 화석을 관찰하고 내린 결론임을 미뤄 볼 때 그의 지질학적 식견에 놀라지 않을 수 없다. 대우주인 자연과 소우주인 인체가 움직이는 원리가 같다는 그만의 대원칙을 설명하다가 이런 추론과 해석에 이르렀다고 해도, 노아의 대홍수 같은 물난리로 산 꼭대기에 조개 화석이 생겨났다거나 화석은 암석 내부의 힘으로 탄생한 새로운 광물에 지나지 않는다고 했던 당대의 이론을 조목조목 반박한 근거와 증거는 철저히 관찰에 기초했다.

물에 대한 연구 역시 단순한 관찰에서 벗어나 자연에 존재하는 힘을 설명하거나 공기의 역학을 추론하는 근거로 사용했다는 점이 놀랍다. 이 사고를 확장해 인체 내부의 순환으로 지구, 더 크게는 우주가 움직이는 동력원이 무엇인지 해석하려고 했다. 다빈치는 공기의 흐름을 물의 움직임으로 설명했고 물이 물체와 닿아 소용돌이를 만드는 현상에 주목했는데, 이는 100여 년 후에 등장한 데카르트의 우주론과 미묘하게 연결되는 지점이 있다. 데카르트는 우주 공간을 채우고 있는 에테르가 소용돌이 형태로 움직이며, 행성은 소용돌이에 얹혀 태양을 중심으로 반복적으로 돌고 있다고 정의했다. 현대 과학에서는 뉴턴의 만유인력이나 아인슈타인의 장이론으로 행성 간의 상호작용을 설명하지만, 헬름홀츠와 톰슨이 체계화시킨 유체역학에서는 아직도 다빈치나 데카르트의 설명이 부분적으로 유효하다.

더구나 다빈치는 밀물과 썰물 같은 물의 움직임을 태양과 달의 상호작용이라고 생각했다. 그런데 갈릴레이는 이것이 지구가 자전하고 공전하는 속도가 일정하지 않아 물이 출렁거리는 것이라고 해석했고, 당시 편지를 주고받던 케플러에게서 비판을 받고도 주장을 바꾸지 않았다. 모든 정보를 손에 쥐고 물체의 운동을 설명하는 여러 이론을 다루었던 갈릴레이도 제대로 설명하지 못한 것을 100여 년 앞서 살았던 다빈치가 풀어냈으니 대단하다.

〈코덱스 아틀란티쿠스〉가 장인의 아이디어 노트였다면, 〈코덱스 레스터〉는 과학자의 노트였다. 다만 체계적으로 연구가 진행되거나 책으로 출간된 것은 아니어서 과학 발전을 기여하지 못한 아쉬움은 있다. 그 와중에도 르네상스의 자양분을 충분히 흡수하고 다양한 자극을 받고 자란 학자들은 계속 등장했으며, 이들은 머지않아 이곳저곳에서 세상을 바꾸는 과학적 발전을 이뤄낸다. 그중 한 명이 코페르니쿠스다. 그는 1495년 볼로냐 대학에서 천문학을, 1501년 파도

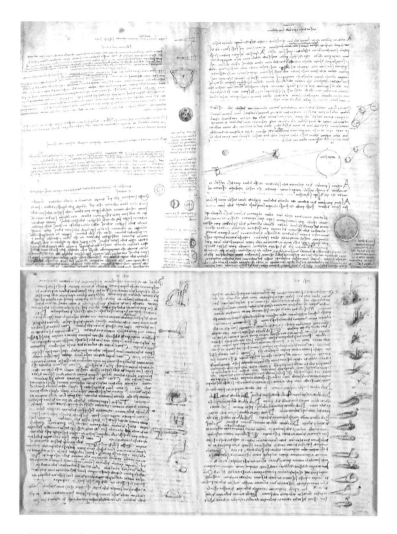

▪ 〈코덱스 레스터〉, Hammer 2A.

바 대학에서 의학을, 1503년 페라라 대학에서 교회법으로 학위를 받
고 고향으로 돌아가 《천제의 회전에 관하여》라는 책을 집필한다. 그
가 이탈리아에서 공부할 때 다빈치도 한참 과학적 사고에 빠져 있었
으니, 직접 만나지는 못했어도 시대정신은 함께 공유했던 셈이다.

16세기까지 진행된 문화와 지식 혁명의 결실로 시작된 과학 혁명은 17세기 즈음에 일어났고 지질학은 19세기에 발전이 가속화되었으니, 다빈치의 생각이 시대를 앞서간 것은 분명하다. 그래서 예술가로 알려진 다빈치이지만, 끊임없이 과학 현장에서 그 이름을 거론하고 재평가하는 것은 아닐까 싶다.

다빈치의 로마: 그림을 그리지 못하는 예술가

특별한 사정이 없었다면 다빈치는 밀라노에 오래 머물면서 박학자로 존중받고 원하는 연구를 계속하며 명예롭게 생을 마무리했을지도 모른다. 안타깝게도 밀라노를 둘러싼 주변 정세는 다시 복잡해졌고, 다빈치를 지원하던 샤를 당부아즈는 교황청에 맞선 전투에서 밀려 파문당했고 훗날 전장에서 병으로 사망했다.

다빈치는 밀라노를 떠나 제자 멜치의 아버지 집이 있는 밀라노 근교의 작은 마을에 한동안 숨어 지냈는데, 어떻게 지냈는지 알려주는 기록은 없다. 다만, 델라토레와 함께 출간할 예정이었던 해부와 관련된 노트를 정리하며 정세를 지켜보았을 것으로 추정한다.

밀라노에서 스포르차 가문이 다시금 등장하는 동안, 망명을 가거나 변방으로 밀려나 있던 메디치 일가도 피렌체에서 다시 세력을 쥐고 전면에 나섰다. 로렌초 메디치의 두 아들 중에서 권력에 욕심이 많았던 형 조반니는 교황으로 추대되어 로마로 향하고, 동생인 줄리아노가 피렌체의 통수권자로 등극하며 18년 만에 제2의 메디치 시대가 시작된다.

하지만 학문을 좋아하고 정치에 관심이 없었던 줄리아노는 조카에게 통치권을 넘기고 교황 군대의 총사령관이 되어 다빈치를 로마로 불러들였다. 다빈치가 10여 년 전 밀라노를 떠나 여러 도시를 배회할 때 베네치아에 잠시 머문 적이 있었는데, 그때 베네치아에서 망명 중이던 줄리아노를 만났던 것이다. 이사벨라 데스테의 초상화를 보고 실력을 단박에 알아본 줄리아노는 좋아하던 여인의 초상화를 부탁하며 가까워졌는데, 두 사람을 이어준 작품이 바로 〈모나리자〉다.

예술가를 많이 후원하던 메디치 가문이지만, 예술과 문학, 자연과학에 조예가 깊고 관심이 많았던 것은 줄리아노가 유일했다. 그러니 다빈치와 여러모로 잘 맞았던 것은 물론이고, 그의 재능, 사교적 언변, 세련된 태도, 해박한 지식과 열정에 매료되어 형제처럼 아끼고 존중하는 마음으로 대했다고 한다.

스승 베로키오의 공방을 드나들던 그의 지인들이 메디치의 사절단으로 로마로 초청됐을 때, 다빈치는 도망가듯 밀라노로 가야 했다. 청년 다빈치가 가고 싶었던 로마에 61세의 노인이 되어서야 발을 들인 것이다. 다빈치는 노년이 되어서야 드디어 메디치에게 인정받은 셈이다.

다빈치는 줄리아노의 전폭적인 지원하에 거장으로 대접받으며, 다른 유명 예술가처럼 교황 레오 10세의 벨베데레궁$^{Villa\ Belvedere}$에 기거했다. 당시 그가 꾸린 이삿짐 목록을 보면, 동행한 제자만 해도 5명이나 되고 작업 중인 그림, 엄청난 양의 노트, 꾸준히 모은 책, 가구까지 여러 대의 마차에 실었다. 밀라노로 야반도주하듯 떠났던 시절과 비교하면 그의 위상이 얼마나 달라졌는지 확연히 알 수 있다. 이삿짐의 규모만 보면 로마에 영원히 정착할 마음이었던 것 같은데, 실상은 짧게 3년을 머물렀다. 1516년, 다시 커다란 수레에 그 짐을 싣고 아주 먼 길을 떠나리라는 사실을 그때는 몰랐다.

　자연과 연금술을 좋아했던 줄리아노는 다빈치가 로마에 머무는 동안 자주 찾아와 여러 주제로 이야기를 나누었고 지지를 아끼지 않았다. 그러나 보수적 성향이 강한 로마에서 노년의 다빈치가 할 일은 많지 않았고, 지켜보는 눈이 많아 하고 싶은 일도 자유롭게 할 수 없었다. 다빈치가 밀라노에서처럼 마음껏 탐구하고 실험할 수 있게끔 지원하는 일은 줄리아노의 역량 밖이었고, 보수적인 교황은 비판적인 시선을 감추지 않았던 것으로 보인다. 더구나 나이 때문에 큰 벽화나 건축물 장식은 현실적으로 어려웠고, 연금술이나 해부와 관련된 연구는 이단자로 취급당하기 쉬웠다.

　이미 수학이나 과학적 주제에 빠졌던 그는 그림 그리는 일보다 안료를 찾기 위해 여러 재료를 찾고 섞고 테스트하는 데 더 많은 시간을 보냈다. 병원을 다니며 시체를 몰래 해부하는 일도 멈추지 않았고, 고대의 건축과 자연을 보러 로마 구석구석을 돌아다녔으며, 빛을 연구하느라 하루 종일 거울을 만지작거렸으니, 그의 모든 행동은 나쁜 소문이 되거나 기행으로 비춰질 수밖에 없었다. 그래서인지 다빈치에게는 그림을 완성하고 싶어 하지 않는다거나 그림 그리기를 싫어한다는 이야기가 꼬리표처럼 따라다녔고, 자신의 생각과 관심사에 너무 빠져 그림을 주문해도 제시간에 완성하지 못할 것이라는 의심을 받았다. 실제로 그는 다양한 주제에 빠져서 실험하거나 연구하느라 주문받은 그림을 제시간에 그려내지 못했다. 그렇다고 해서 뛰어난 예술가들이 넘쳐나던 로마에서 작품 활동을 하지 않고 버티기는 더욱 힘들다.

　그림 그리는 일을 등한시한 것은 아니며, 고대 로마의 건축과 예술, 동시대 대표 예술가들의 작업을 보며 꽤 자극을 받아 더디게 작업한 것은 분명하다. 당시 다빈치가 그리기 시작한 〈성 요한San Giovanni Battista〉

과 〈바쿠스^{Bacchus}〉 같은 작품을 보면 기존에 보던 인물과는 사뭇 달라서 고대 그리스나 로마의 문화를 스스로 소화해낸 그만의 르네상스 회화가 아니었을까 싶다. 전성기 시절에 신화를 소재로 한 그림을 그려 인정받았던 보티첼리 같은 화가들이 이교도적이라는 비난에 위축되어 다시 종교적인 그림을 그리기 시작했으니, 다빈치의 그림 역시 곱지 않은 시선을 받았을 것이다.

다빈치는 1515년 이후로는 더 이상 그림을 그리지 않은 것 같다. 2년 뒤 프랑스에서 다빈치를 만났던 안토니오 데베아티스가 다빈치의 오른손이 마비되어 더는 걸작이 나올 수 없겠다고 말한 것으로 보면, 로마에서부터 질병을 앓았거나 징후가 있었을지도 모른다. 다만 다빈치는 왼손잡이였기에 오른손 마비가 얼마나 영향을 끼쳤는지는 알 수 없고, 또 언제쯤 그림을 관두었는지도 정확하지 않다. 전문가들은 남겨진 정보를 근거로 뇌졸중 때문에 마비 증상이 있었을 것이고 작업이 수월하지 않았을 것으로 추정한다.

그래서였는지 1515년 교황의 수행원으로 볼로냐로 가다가 피렌체에 잠시 머물렀을 때, 피렌체의 한 교회에 등록한 사실에 주목하는 학자들이 많다. 다빈치가 피렌체의 교회에 묻히고 싶어 등록을 서둘렀을 거라는 말이다. 죽음과 묘지를 생각한 것으로 보아, 건강에 이상이 있었을 가능성이 크다. 어쨌든 이것이 마지막 고향 방문이 되었다.

그가 교황과 함께 만났던 인물이 루이 12세의 뒤를 이은 프랑수아 1세였는데, 이 젊은 왕의 관심이 다빈치가 이탈리아를 등지고 프랑스에서 생을 마감한 이유가 되었다. 프랑수아 1세는 다빈치를 프랑스로 초청했고, 1516년 3월 결혼을 앞두고 프랑스로 향하던 줄리아노가 병으로 사망하자, 이제는 더 이상 로마에 머물 이유나 명분이 없었다. 프랑스 대사에게 다빈치를 모셔 오라고 부탁했다는 이야기를 전해 들은 다빈치는 그해 여름 아끼는 작품과 노트, 두 제자만 데리고 프랑스로 향했다. 당시 64세였던 다빈치는 다시는 돌아오지 못할 것을 알았는지 제자들에게 토지를 골고루 나눠주었다고 한다. 많은 도시를 지나며 보고 듣고 경험한 것을 기록으로 남겼다면 흥미로운 이야기와 관찰 내용이 가득했을 텐데, 고향을 떠나는 다빈치의 마음은 쓸쓸하고 복잡했는지 어떤 기록도 남아있지 않다.

프랑스에서: 르네상스의 천재가 선택한 생의 마지막

프랑스에 도착한 다빈치는 프랑수아 1세의 환대와 후원을 받았다. 왕은 자신이 거주하는 앙부아즈 성에서 가까운 클로뤼세의 저택Château de Clos-Luce에 다빈치와 그의 제자가 머물도록 거처를 마련해주었고, 자주 방문해서 대화를 나누었다. 금세공가이자 조각가인 벤베누토 첼리니Benvenuto Cellini의 기록에 따르면, 왕이 다빈치와 이야기하는 것을 너무 좋아해서 다빈치가 연구를 할 수 없을 정도였다고 한다. 수석 화가 겸 건축공학자라는 직책이었지만, 프랑수아 왕은 다빈치를 예술가나 장인이 아닌 위대한 철학자로 추켜세웠다.

그러나 왕과 이야기하고 질문에 답하고 행사 무대를 기획하느라 자신의 호기심이나 지적 욕구를 채우기 위한 연구를 하지도, 노트를 정리하지도 못했다. 하지만 가지고 있던 작품을 수정하거나 메모하고 스케치했고, 책을 꾸준히 읽은 것으로 보인다. 당시 서구 유럽에서 새

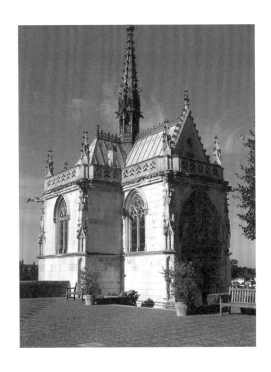

■ 다빈치는 생 플로랑탱 교회에 묻히기를 원했으나 현재 다빈치의 무덤은 사진 속 생 위베르 예배당에 있다고 전해진다.

로운 철학으로 떠오른 베이컨의 책까지 구입한 기록이 있으니, 경험과 실험을 중시하던 자신의 연구 방법에 더욱 확신을 가졌을 것이다.

프랑스에서 작성된 노트의 마지막 장은 기하학적 구상으로 가득하다. 짧은 기간이라 많은 내용을 채우지는 못했지만, 생의 마지막 순간까지 배우는 일을 멈추지 않았다. 하지만 열정의 결실을 얻기에는 시간도 건강도 넉넉하지 않았다. 건강이 좋지 않은 것을 감지했는지, 프랑스에 온 지 3년이 되던 해, 다빈치는 제자 멜치를 유산 집행인으로 삼아 유언장을 작성했다. 소유물을 제자와 형제에게 꼼꼼하게 나누어 물려주고, 앙부아즈의 생 플로랑탱 교회에 묻히기를 원한다고 썼다. 그리고 얼마 지나지 않은 1519년 5월 2일, 67세의 다빈치는 고단했던 삶의 여정을 마무리했다.

▪ 장 오귀스트 도미니크 앵그르, 〈레오나르도 다빈치의 죽음〉(1818).

다빈치를 추앙했던 바사리가 집필한 예술가 평전에 따르면, 다빈치
는 소식을 듣고 달려온 프랑수아 1세의 품에 안긴 채 숨을 거두었다
고 한다. 바사리의 기록은 화가 장 오귀스트 도미니크 앵그르의 그림
에 잘 표현되어 후대에 알려졌다.

다빈치의 장례는 그가 유언장에 남긴 대로 집행되었다. 다빈치는
60인의 가난한 사람이 장례가 진행되는 동안 촛불을 들고 있어주길
바랐고, 멜치는 그의 유언대로 그들에게 후하게 대가를 지불했다고
한다. 생의 마지막까지 공연 같았는데, 연출자가 다빈치 자신이었으
니 박수를 보내지 않을 수 없다.

2
고난으로 향한 갈릴레이

갈릴레이를 길들이는 로마: 학문적 진실 VS 교회적 진실

　노년의 다빈치에게 로마가 삭막했듯, 갈릴레이의 로마 여행도 어렵고 힘든 가시밭길이었다. 학문적으로는 승승장구했지만 그를 비판하는 사람이 많아졌고, 야심차게 준비했던 책의 내용이 문제가 되어 다시 로마로 향했으니, 갈릴레이의 노년 역시 바람 잘 날 없었다.

　1630년, 교황과 지인을 설득해서 집필 중이던 《두 우주 체계에 대한 대화》의 출판 허가를 받기 위해 다시 로마로 향했다. 그런데 《시금관》으로 환대받았던 6년 전과는 다르게 로마와 교황청의 상황이 급박하게 변하고 있었다. 교황은 자신의 입지를 굳히는 데만 집착했고, 전염병으로 사망자가 늘면서 대중의 관심은 학문이나 철학보다는 삶에 쏠려 있었다. 이런 상황이다 보니 시민들은 신앙에 더욱 매달렸고, 로마 교회는 힘을 얻어 세력을 넓혀갔다. 결과적으로 더욱 보수화된 교회는 갈릴레이에게 비판의 목소리를 높였고, 환영받지 못한 갈릴레이는 불리한 상황에 직면했다.

그러다 보니 출간이 가능하다던 예전의 판결과 달리 재심의를 받아야 한다는 통보가 내려졌다. 문제가 될 만한 내용을 빼고 교황청의 지시에 따라 서론, 결론을 다시 고쳐 제출해야 한다는 조건부 허가였다. 엎친 데 덮친 격으로, 얼마 지나지 않아 책 출간을 후원하던 린체이 아카데미의 의장 페데리코 체시가 흑사병으로 사망했다는 소식이 들려왔다. 친구이자 후원자를 잃은 데다 출판 여부도 가늠할 수 없었다. 몸까지 아팠지만, 로마의 답변을 기다리는 것 말고는 할 수 있는 일이 없었다.

여러 번 수정과 교정을 거친 원고는 1631년 5월에 출판 허가를 받아 다음 해 2월에 출간되었다. 출간 후 순식간에 팔려나가며 다시 한번 갈릴레이의 명성은 높아졌지만, 뜨거웠던 유럽의 반응과 다르게 로마의 분위기는 사뭇 차가웠다. 갈릴레이를 반대하는 학자들의 항의와 투서가 빗발쳤고, 급기야 교황청은 같은 해 9월에 책 판매를 중지시키고 종교재판소의 검사성으로 갈릴레이를 불러들였다. 딸들이 기거하는 수녀원이 있는 아르체트리로 집을 옮긴 갈릴레이는 지병으로 몸져 누워 있으니 심판을 늦춰달라고 호소했지만, 오히려 로마로 강제 소환되었다. 갈릴레이가 재판을 받는다는 소식은 삽시간에 전 유럽으로 퍼졌고, 제2의 브루노 사건이 될지도 모른다는 불안감에 과학계가 이 재판을 초조하게 지켜보고 있었다.

산타마리아 소프라 미네르바 성당: 공포의 종교재판소

판테온을 뒤로하고 골목을 걷다 보면 콜레지오 로마노 광장Piazza del Collegio Romano이 나온다. 건물 한 귀퉁이에 팻말이 있지만, 차량으로 가

■ 로마 대학.

득해서 흡사 주차장처럼 보였다. 현재 로마 대학 자리에는 문화유산 담당 관청과 고등학교가 들어서 있다. 1754년에 대학 앞 풍경을 스케치한 바시Vasi의 그림과 비교해보면, 건물은 변한 것이 없고 마차 대신 자동차가 오가는 풍경으로 바뀌었을 뿐이다.

6세기에 교황 그레고리 13세의 명으로 지은 이 건물은 교황청의 주요 기반이 되었던 예수회 소속이었으나, 학생들을 교육하기 위한 공립학교가 되면서 점차 대학으로 발전했다. 교황의 승인을 받고 로마 대학Palazzo del Collegio Romano 혹은 그레고리오 대학Pontificia Università Gregoriana, 1584~1870으로 불리며 유명해졌는데, 학생들이 많아지면서 주요 캠퍼스를 외곽으로 옮겼다. 한동안 로마 대학의 모태가 되었던 신학과와 철학과는 이곳에 남겨두었다지만, 지금은 대학은 없고 고등학교를 포함한 공공기관으로만 사용하고 있다. 갈릴레이가 방문하던 17

■ 쥐세페 바시Giuseppe Vasi가 그린 로마 대학 전경(1865).

세기에는 많은 인재를 배출한 명문 대학답게 최고의 학자와 시설을 보유하고 있던 곳이다.

당시에는 주변의 여러 건물이 대학 강의실로 사용되었는데, 지금은 로마의 숨겨진 보물로 소개되는 성 이그니치오 디 로욜라 성당Chiesa di Sant' Ignazio di Loyola 역시 대학의 일부였다. 예술적 가치가 높은 성당으로, 입체감을 살리려고 원근과 소실점을 이용한 트롱프뢰유 기법으로 그린 안드레아 포초Andrea Pozzo의 천장 프레스코화도 유명하지만, 그 위에 있었다는 로마 대학의 옛 천문대가 더욱 궁금했다.

언제 천문대가 설치되었는지 알 수 없지만, 예수회의 수사들 혹은 로마 대학의 학생들은 성당 지붕에 마련된 천문대에서 수시로 별의 움직임을 관측했다. 예수회 수사들도 학문적으로 뛰어났고, 상당수는 갈릴레이의 관측이 맞다는 사실을 알고 있었을 것이다. 코페르니쿠스나 갈릴레이가 옳지 않다고 반박하려면 그들도 연구해야 했으니 이 천문대가 중요했을 법하다. 현재 천문대는 기단만 남았다.

고등학교에 소속되어 있는 작은 박물관은 관람할 수 있어서 옛 로마 대학의 분위기를 그나마 짐작할 수 있었다. 건물 내부에 위치한 분더 박물관은 과학예술 박물관이지만, 예수회의 수사이자 로마 대학의 교수였던 아타나시우스 키르허Athanasius Kircher의 분더카머, 즉 개인 컬렉션 혹은 소장품을 따로 모아 만든 전시관이다. 키르허가 로마 대학에 도착한 것은 1634년이라 갈릴레이의 강연을 듣지는 않았겠지만, 케플러의 후임으로 거론될 만큼 뛰어난 수학자이며 신비학자였다.

일반적으로 로마 대학이라고 하면 콜레지오 로마노가 아니라 1303년에 설립된 로마 라 사피엔차 대학교Sapienza-Università di Roma를 지칭한다. 이 대학은 콜레지오 로마노에서 꽤 떨어져 있는데, 테르미니Termini 역을 기준으로 북동쪽으로 넓게 자리 잡고 있으며 현재 이탈리아 최고의 명문 대학이다.

로마의 지붕이라고 하는 판테온을 나와 둘러보면, 코끼리 등에 얹혀 있는 작은 오벨리스크가 있는 광장이 있다. 당시 최고의 인기 도서였던 《폴리필로의 꿈Hypnerotomachia Poliphili, Poliphilo's Dream about the Strife of Love》에 삽입된 목판화의 실사판인 이 조각상은 무시무시한 종교재판이 진행된 산타마리아 소프라 미네르바 성당Basilica di Santa Maria sopra Minerva을 알려주는 이정표다.

현재 이 성당이 자리 잡은 곳은 이집트 여신 이시스를 섬기던 고대의 신전이 있던 곳으로, 판테온과 마찬가지로 이교도의 신전이라는 이유로 약탈당하고 파헤쳐져 폐허가 되었다. 1370년에 그 위에 새로 교회를 지었는데, 미네르바 여신을 모시던 신전이 있던 곳에 세워진 성모 성당이라는 이름이다. 내부에는 미켈란젤로의 작품을 비롯해 볼거리가 많고 다채로워서 종교재판을 연상시킬 만큼 무시무시한 공간은 아니었다.

성당과 연결된 도미니크회 수도원은 현재 국회 도서관으로 사용되는데, 1633년에 갈릴레이를 심문하고 재판했던 장소였다. 이 성당은 13세기에 도미니크 수도회의 수도원으로 교황까지 배출하며 권위 있는 교회로 성장했고, 부르노나 갈릴레이의 형을 집행하던 16~17세기에는 막강한 세력을 행사했다. 교회의 연구실을 대학으로 확장하고 교황청의 비밀 회의소를 내부에 설치하면서, 예수회가 주도하던 콜레지오 로마노에 맞먹는 로마 가톨릭의 이론적 산실 혹은 신앙적 방패 역할을 도맡은 것이다.

도미니크 수도회는 설교를 중요하게 여겼고, 설교의 땔감이 될 성서와 학문 연구를 장려하며 유명한 신학자를 많이 배출했다. 그러나 로마 교황청의 종교재판에서 조사와 검열, 심문을 담당하면서 무서운 곳이 되었다. 특히 교황청의 종교재판소로 선정된 후 이단을 감별한다는 구실로 다양한 서적을 금서 목록에 올렸고 관련된 사람은 조사를 구실로 잔인하게 심문한 것으로 유명하다. 지금은 수많은 관광객이 판테온을 보려고 이 구역에 드나들지만, 갈릴레이가 살았던 당시에는 이 성당과 도미니크 수도원 그리고 콜레지오 로마노로 대표되는 예수회 수도원이 판테온보다 주요한 건물이었다.

로마는 여전히 많은 성당과 교회가 건재하며, 바티칸 성당과 교황이 있는 성지다. 그래서 판테온 앞의 수많은 인파에 비해 입구조차 눈에 띄지 않는 미네르바 성당의 소박한 외관은 꽤 이례적이다. 성당 근처에는 종교재판장을 안내하는 표지판도 없다. 어쩌면 종교재판의 기괴한 이야기며 갈릴레이나 브루노가 치열하게 자신을 방어하던 흔적을 보여주고 싶지 않은 건 아닐까 하는 생각이 들었다. 허가가 필요한 곳이어서 들를 수는 없었지만, 자료를 보니 국회 도서관 1층에 종교재판 홀이 있고 2층에는 갈릴레오 홀이 있는 것으로 보아 이곳이 갈릴레이가 심문당하고 최종 선고를 받은 장소인 듯하다.

1631년 2월 우여곡절 끝에 책이 출간되자, 갈릴레이를 탐탁지 않게 여기던 세력들은 책에서 문제가 되는 요소를 찾아 비난하고 이단적 내용이 있다는 이유로 그를 고발했다. 갈릴레이가 성서적 세계관에 어긋나는 코페르니쿠스의 우주를 지지한다고 비난했고, 더 나아가 책에서 어리석은 인물로 묘사된 심플리치오가 교황을 빗댄 것이라는 소문을 퍼뜨렸다. 이 소문을 듣고 책의 내용과 저술 의도를 곡해한 교황 우르바노 8세는 복잡한 국제 정세와 잦은 전쟁으로 예민해진 상태에서, 믿었던 갈릴레이가 자신을 조롱했다는 사실에 심기가 불편해졌다.

이전부터 친분이 있었던 교황에게서 종교재판소에 출석하라는 명령을 받은 갈릴레이는 뜻하지 않았던 반응에 충격을 받았다. 그러나 화가 난 교황의 의지를 꺾을 방법은 없었고 이미 분위기는 불리하게 돌아가고 있었다. 로마로 가기 전에 갈릴레이가 지인들에게 보낸 편지를 보면, 억울하고 화가 나서 연구하느라 보낸 시간이 저주스럽다고 한탄할 정도였다.

로마에 도착하고 처음 두 달 동안 갈릴레이는 아무런 조사도 받지 않고 대사관에서 마냥 기다리기만 했다. 당시 이단 심판이 얼마나 잔인한지 잘 알기에 두 달 동안 느꼈을 두려움은 상상하기 어려울 정도였을 것이다. 4월 12일이 되어서야 검사성에 처음 불려갔고, 그곳에서 갈릴레이는 자신의 책은 서로 다른 견해를 소개했을 뿐, 지구가 움직인다는 코페르니쿠스의 이론을 지지하는 것은 아니라며 적극적으로 소명했다. 하지만 검사관은 갈릴레이를 따로 불러 코페르니쿠스적 우주관을 가졌던 것을 시인하라고 회유했고, 만약 협조하지 않는다면 앞선 이단자들처럼 심한 고문을 받을 거라고 협박했다. 그래서 갈릴레이는 그들이 원하는 대로 진술했다. 한발 더 나아가 책의 결론을 다시 써서 자신이 코페르니쿠스의 우주론을 지지하지 않는다는 것을 증명하겠다고까지 말했다고 기록되어 있다.

종교재판소의 심문과 자신의 처지가 고통스러웠는지 이어진 심문에는 자포자기하는 심정으로 대응했다. 기록에 따르면 5월 10일과 6월 21일의 심문에서는 전혀 맞서지 않았고, 시키는 대로 하겠으니 노인의 건강 상태를 고려해 죄를 사면해달라고만 간청했다.

6월 22일, 7명의 추기경과 조수 및 증인이 참석한 재판정에서 심문을 담당했던 두 명의 검사관이 판결을 내리자, 흰옷을 입은 갈릴레이가 무릎을 꿇고 앉아 죄를 시인했고 법정은 유죄를 선포했다. 세기의 재판이 되리란 기대와 달리, 판결은 의외로 간단하고 빠르게 끝났다. 갈릴레이는 무릎을 꿇은 채 자신이 무지해서 저지른 잘못이며, 책에 쓰인 자신의 주장을 철회하겠다고 공개적으로 선언했다.

갈릴레이의 낭독이 끝나자, 법정은 유죄를 선고하고 《두 우주 체계에 대한 대화》는 금서로 지정하고 갈릴레이는 검사성의 지하 감옥에 투옥한다는 형량을 선고했다. 더불어 3년간 매일 고해성사를 해야 했다. 또한 전국의 재판관, 담당 부처, 학교에 그의 죄목과 형량을 알려 이와 같은 사례가 다시는 나오지 않도록 경각심을 갖게 할 것을 공지했다. 관심이 쏠렸던 만큼 재판의 결과는 순식간에 퍼졌고, 교황청을 지지하던 학자와 종교인도 일제히 비난의 목소리를 높였다. 이런 분위기 속에서 판결은 부풀려져 전 유럽에 전달되었고, 책 판매가 금지되기 전에 지식인들이 앞다투어 갈릴레이의 책을 구입하는 바람에 교황청의 의도와 달리 책은 순식간에 팔려나갔다.

브루노보다 심한 고문을 받을 것이라는 소문과 다르게, 갈릴레이는 지하 감옥에 감금되어 고문당하지는 않았다. 갈릴레이의 지인이었던 바르베리니 추기경이 토스카나 대사관저였던 메디치 저택으로 감금 장소를 옮겨주었던 것이다. 하지만 당대의 최고 학자였던 갈릴레이로서는 위협적이고 모욕적인 일이라, 판결을 받고 돌아왔을 때 갈릴레이는 굴욕감으로 심한 고통을 느꼈다고 한다. 메디치 저택의 대사였던 니콜리니는 갈릴레이가 흐느껴 울거나 중얼거리다가 죽음을 선택할까 봐 염려했을 정도였다.

이를 안타깝게 생각했던 지인들이 청원에 나섰고, 시에나의 대주교였던 피콜로미니Ascanio Piccolomini II의 헌신적인 노력으로 갈릴레이는 간신히 로마를 벗어나 주교가 관할하는 시에나로 갈 수 있었다. 죽는 날까지 집 밖으로 벗어날 수 없는 구형에서 사면되지는 않았지만, 로마 교황청의 직접적인 감시에서는 벗어난 셈이다. 시간이 지나자 자신의 옹호자가 많은 피렌체로 보내졌고, 딸들이 있는 수녀원 근처의 아르체트리에서 죽을 때까지 구금되었다.

무릎을 꿇은 채 자신의 세계관을 포기한다는 굴욕적 맹세를 낭독한 갈릴레이의 법정 기록문은 300여 년이 넘도록 바티칸의 문서보관소 깊숙이 감추어져 있었고, 400여 년이 지난 현재까지도 일부는 미공개 상태다. 교황청 내에서도 갈릴레이의 재판에 관한 자료를 공개하거나 일대기를 집필하려는 노력이 여러 번 있었지만, 결과적으로는 일부만 공개됐다. 기존의 자료를 추리고 여러 번 검수 과정을 거친 후

보고서가 완성되어 1992년 10월 31일, 교황 요한 바오로 2세는 교회가 잘못된 판결을 내렸음을 공식적으로 인정했다. 그나마 요한 바오로 2세가 모국의 위대한 과학자 코페르니쿠스를 기억하던 폴란드 출신인 것이 한몫하지 않았을까 싶다. 교황청의 기관지에 공식 보고서가 게재되면서 모든 기록이 문서화되었는데, 갈릴레이의 죄가 공개적으로 소명되기까지 정말 오랜 시간이 걸린 셈이다.

교회가 잘못을 시인하고 사과했다는 사실은 환영할 만하지만, 그 과정은 다소 실망스럽다. 위원회는 조사 결과를 발표하는 데도 10여 년이 걸렸다. 또한 과거사를 재조명하고 잘못된 재판을 소명하기보다는 갈릴레이의 사건이 거론될 때마다 교회가 과학자를 박해하고 과학의 진보를 방해했다는 이미지를 지우는 데 치중했다. 역사적 전통과 교황이 있는 성지여야 했기에 로마 입장에서는 비난과 논란의 소지가 될 만한 종교 탄압과 가혹한 재판은 되도록 감추고 싶은 과거였을 것이다.

교과서나 위인전에서 너무 익숙하게 봤던 과학자 갈릴레이를 다양하고 복잡한 시각으로 해석하는 현장이 바로 이곳 로마인 것 같다. 갈릴레이의 역사적 재판이 있었던 종교재판소는 눈에 띄질 않고, 브루노가 잔인하게 처형당한 현장은 작은 장터가 되어 있는 도시 로마. 갈릴레이의 마지막 로마 방문에 대한 감회가 더 새롭다.

아르체트리 언덕의 일 조이엘로: 갈릴레이의 유배지

1630년에 책을 내는 일로 심신이 지쳐 있던 갈릴레이는 자주 몸이 아팠고, 학업과 결혼으로 아들 빈첸초마저 집을 떠나 벨로스과르도의 저택에 혼자 남겨지는 일이 많았다. 노년의 갈릴레이는 종종 딸들을 보러 산마테오 수녀원까지 갔는데, 겨울이 되자 노새를 타고 40여 분 걸리는 수녀원까지 가는 것도 힘들어 자주 방문하지 못했다. 첫째 딸 셀레스테 수녀(비르지니아)는 아버지의 건강을 염려해 수녀원 근처에 마땅한 집이 있는지 수소문했고, 마침 피렌체 도심에 살면서 아르체트리 언덕에 별장을 소유하고 있던 마르텔리니의 집으로 아버지를 모셔 올 수 있었다. 이 집이 갈릴레이의 마지막 거처이자 유배지가 된 빌라 일 조이엘로^{Villa il Gioiello}다. 조이엘로는 보석, 걸작 혹은 가치 있는 무엇이라는 뜻이다.

1631년 9월에 계약하고 1642년 1월까지 살았으니, 갈릴레이는 10년 동안 이곳에 머물다 생을 마감했다. 편지로만 소통하던 딸들을 가까이에서 볼 수 있으니 얼마나 좋았을까 싶지만, 1631년에 아르체트리로 집을 옮긴 후 새로운 책이 출간된 것을 기뻐할 틈도, 아픈 몸을 돌볼 겨를도 없이 로마에 불려가 재판을 받았던 것이다.

▪ 일 조이엘로의 문(왼쪽)과 오메로 식당(오른쪽).

감옥행을 피해 우여곡절 끝에 집에 왔
지만, 가택연금형으로 죽을 때까지 집 밖
으로는 한 발자국도 나갈 수 없었다. 더
구나 그가 아르체트리로 오고 얼마 지나
지 않아 사랑했던 딸 셀레스테가 죽었고,
이제는 시력조차 희미해졌다. 제자들의
도움으로 책을 쓰고 연구에 집중했지만,
여러모로 어려움이 컸다. 집에 있었으니
프랑스로 건너갔던 다빈치에 비하면 나
은 편이라고 위로해야 할까?

■ 마르키오니가 세운 갈릴레이의 흉상과 데넬
리의 글.
"존경스러운 갈릴레이의 흉상은 안토필리포 마
르키오니가 세웠습니다. 여행자여, 당신은 작은
성전 앞에 있습니다. 갈릴레이! 하늘을 관찰하
고, 자연철학을 다시 세우며, 지동설을 주장한
그가 죄를 지었다 판결받았고, 1631년 11월에서
1642년 1월 6일까지 이곳에서 세상과 단절된
상태로 살았습니다. 이 귀한 집을 돌보는 성령
과 글을 주신 클레멘테 넬리에게 감사를 보냅
니다.영원토록 그의 명예를 보살펴주시길."

갈릴레이가 감금된 일상이 궁금했는
데, 집 앞에 서니 느낌이 남달랐다. 근처
에 자리한 아르체트리 천문대로 향하는
피안 데이 줄라리Via del Pian dei Giullari를 걷다
보면 위성사진으로 보았던 오메로 식당
OMERO Trattoria의 간판이 먼저 눈에 띈다. 갈
릴레이의 아르체트리 집 맞은편 골목 입구에 있는 작은 식당이다. 커
다란 나무 대문이 있는 하얀색 건물이 갈릴레이가 생의 마지막을 보
낸 집이다. 집의 외관은 깨끗했고 갈릴레이의 집이라는 팻말이 여러
군데 있어서 다른 곳과 달리 관리가 잘되고 있었다.

벽을 파서 만든 공간에 갈릴레이의 흉상이 놓여 있고 그 아래에는
대리석 팻말이 달려 있다. 집으로 들어가는 붉은색 문 옆에 붙은 명패
에서 드디어 일 조이엘로를 찾았다. 1525년 갈로의 탑Torre del Gallo으로
가는 요지에 자리 잡은 집이라는 기록이 있고 갈릴레이가 살던 때도

일 조이엘로라 불렸다. 갈로의 탑은 아르체트리 언덕에 있는 갈로 저택의 탑으로, 한때는 전망대로 쓰였다.

일 조이엘로에는 이 명패 말고도 대리석 판이 있다. 우선 흉상 바로 아래의 명패에는 1843년 안톤필리포 마르키오니Antonfilippo Marchionni 가 제작했다는 설명이 쓰여 있고, 더 아래의 석판에는 조반니 바티스타 클레멘테 데 넬리Giovanni Baptista Clemente de Nelli의 글을 옮겨놓았다. 그는 갈릴레이의 제자 비비아니의 유언을 받들어 스승의 묘지를 산타 크로체 성당으로 옮기고 묘비명을 적었다. 갈릴레이가 가택연금형으로 여생을 이곳에서 보냈으며 그의 업적이 영원히 인정받길 바란다는 내용이다.

우피치 미술관에 있는 〈조반니 실베스트리〉의 동판화 스케치에 남은 일 조이엘로와 비교하면 외딴집 주변으로 건물이 더 많이 들어선 것 같다. 딸의 편지에는 2층에 망원경이 있고, 정원에서 키운 포도로 포도주를 만들어 지하실에 저장했다는 내용이 있다. 그리고 하인 몇 명과 제자가 함께 머물렀다. 단편적인 이야기와 남겨진 그림을 통해 노인이 된 갈릴레이가 어떻게 살았을지 상상할 수 있다. 실베스트리의 동판 그림이나 가티Annibale Gatti의 회화에 보이는 망원경은 제자 비비아니가 잘 보존해서 현재 아르노 강변에 위치한 갈릴레오 박물관Museo Galileo에 전시되어 있다.

가택연금형을 받은 갈릴레이가 밖으로 나오지 못한 대신 유럽 전역의 학자와 후원자가 편지를 보내왔고, 용감한 사람들은 집으로 찾아와 비밀리에 그를 만나기도 했다. 이탈리아를 여행했던 영국의 철학자 토마스 홉스와 시인 존 밀턴이 갈릴레이를 방문했고, 밀턴과 갈릴레이가 이야기를 나누는 장면은 그림으로도 남아 있다. 데카르트 역

■ 〈아르체트리 집의 기억〉(1818) 건축가 조반니 실베스트리의 동판 작품(우피치 미술관 소장).

시 갈릴레이를 방문하고 로레토의 산타 카사에도 들렀다고 하는데, 정확한 정보는 아닌지 갈릴레이의 일대기를 다룬 책에서는 그의 이름을 찾아볼 수 없다. 다만 갈릴레이의 종교재판 결과를 보고 두려웠던 데카르트가 저술 중이었던 과학 책을 출판하지 않고 철학에만 관심을 집중했다는 이야기는 널리 알려져 있다.

직설적인 화법 때문에 논쟁도 많았지만 갈릴레이는 다양한 사람들과 잘 어울렸다. 그러니 가택연금이라는 형벌은 더 가혹하게 느껴졌을 것으로 보인다. 하지만 그는 실험과 책 쓰기를 멈추지 않았고 생의 마지막 순간까지 연구의 열정을 잃지 않았다. 위험을 무릅쓰고 아르체트리의 집으로 찾아온 유명인과 스승 곁을 떠나지 않고 지킨 비비아나나 토리첼리 같은 제자의 격려가 큰 도움이 되었을 것이다.

약 500여 년의 시간이 지난 1920년에 이 집은 국가 유적지로 지

■ 안니발레 가티, 〈갈릴레이와 밀
턴〉(갈릴레오 박물관 소장).

정되었고, 1942년에는 개인 소유였던 건물을 나라에서 매입해 박물
관으로 꾸몄다. 역사적 고증을 거쳐 본격적인 복원 공사를 시작한 것
은 1986년이었다. 2009년에는 1610년에 나왔던 《별의 소식》 출간
400주년을 기념하며 이 집을 대중에게 개방했다. 2013년 유럽물리
학회[EPS]는 이곳을 주요 과학사적지로 지정했고, 근처의 천문대와 이론
물리학 연구소와 함께 연구와 교육을 병행하고 있다.

　피렌체 시에서는 그 역사적 가치를 되살리기 위해 2018년부터 이
저택을 새롭게 탈바꿈하는 프로젝트를 진행 중이다. 훗날 어떻게 바
뀔지 알 수 없지만, 일 조이엘로에서 시작해 천문대와 수녀원까지 아
르체트리 언덕을 직접 걸어보니 과학자 갈릴레이를 더욱 잘 알게 된
것 같았다. 왜 과학자들의 발걸음이 끊이질 않는지 느낄 수 있는 의미
있는 공간이었다.

■ 산 마테오 수녀원.

산 마테오 수녀원: 언덕길에 남은 삶의 흔적

갈릴레이는 일찍이 두 딸을 수녀원에 보냈는데, 두 소녀가 머물렀던 산 마테오 수녀원은 아르체트리 언덕 끝자락에 있다. 작은 골목에서 마주한 산 마테오 수녀원은 표지판이 없다면 여느 가정집처럼 보이는 작은 건물이다. 2층 높이에 있는 둥근 창은 스테인드글라스로 되어 있고, 굳게 닫힌 나무 문 위에 작은 십자가 문양이 있다. 기도의 집을 뜻하는 라틴어가 중앙 문에 새겨져 있어 교회임을 알 수 있다. 집 앞에 붙여놓은 작은 표지판에는 갈릴레이와 그의 딸들이 살았다는 기록이 있다. 지금은 재정비되어 수녀가 아니라 수사들의 공부와 기도를 위한 수도원으로 사용되고 있다.

처음에는 자녀 교육을 위해 수녀원에 보냈겠지만, 연구에 몰두해야 했던 갈릴레이는 아이를 키울 수 없었다. 보통 몇 년간 수녀원에 보냈다가 다시 집에 데리고 와서 결혼시키는 것이 일반적인데, 공식적으로 결혼한 기록이 없는 갈릴레이는 두 딸의 혼처를 찾기 힘들었다. 갈릴레이의 두 딸들은 결혼하기 힘들다는 현실을 이해하고 받아들였던 것으로 보이는데, 결국 둘 다 수녀로서 일생을 이곳에서 지냈다.

어린 딸들은 주로 편지로 아버지와 소통했고, 가끔 노새를 타고 수녀원에 방문한 아버지와 만났다. 제자 비비아니가 잘 보관해둔 갈릴레이의 유품 속에 딸에게 받은 편지도 있었던 덕에 딸과 나눈 대화가 세상에 알려졌다.

그런데 아쉽게도 갈릴레이가 보낸 편지는 발견된 것이 없다. 갈릴레이가 종교재판에 회부되었을 때 만약의 경우를 염려해 수녀원 측에서 아버지 갈릴레이와 주고받은 편지나 책자를 몰래 태워버렸을 것으로 추정하고 있다. 둘째 딸 아르칸젤라 수녀가 아버지에게 보낸 편지는 발견되지 않았지만, 첫째 딸 셀레스테 수녀가 아버지에게 보낸 편지 124통은 갈릴레이의 친필 원고와 함께 피렌체 국립중앙도서관의 문서 저장고에 보관되어 있다.

생활에 필요한 비용이나 물품을 보내거나, 민원을 해결해주기 위해 권력자에게 부탁하거나, 고장 난 시계를 고쳐주는 등 갈릴레이의 아버지다운 모습이 이 편지에 담겨 있다. 큰딸은 갈릴레이가 많이 의지했고, 제자와 같은 역할도 했다. 아파서 글쓰기가 힘든 아버지를 대신해 편지를 필사하거나 원고를 다듬었고, 망원경으로 별을 관측하여 보고서를 보내기도 했다. 그녀는 학문을 익히거나 연구에 직접 참여하지는 않았어도 아버지를 도와 일하는 것을 자랑스러워했다. 갈릴레이 역시 이런 딸을 지인에게 자랑하곤 했다.

큰딸은 항상 아버지를 위해 기도하고, 집안일을 도왔으며, 병약하

■ 아르체트리 천문대.

고 예민했던 동생을 돌보고, 약제사 지식을 익혀 아버지의 약을 손수 지어 보냈다. 그리고 재판을 받으러 떠난 아버지를 대신해 집안을 관리했다. 아버지가 만들어둔 포도주가 상해서 버렸다거나, 재판에 불이익이 될 만한 서류를 없앴다는 내용이 편지에 기록되어 있다.

하지만 정작 자신의 몸은 돌보지 못해서 서른도 안 된 나이에 이가 몽땅 빠질 정도였다. 아버지가 돌아오길 기다리다가 점차 몸이 쇠약해졌고, 1633년 12월에 갈릴레이가 시에나에서 아르체트리의 집으로 돌아왔을 때는 이미 손을 쓸 수 없는 상태였다. 갈릴레이는 매일같이 수녀원에 들러 딸을 위해 기도하는 것 말고는 할 수 있는 일이 없었다. 1634년 4월, 고작 34세의 나이로 큰딸이 세상을 떠나자, 슬픔과 상실감이 컸던 갈릴레이는 한동안 아무 일도 하지 않고 성서만 읽었다고 한다. 지인들이 갈릴레이를 걱정하여 보낸 위로 편지만 보아도 큰딸이 그에게 얼마나 중요한 존재였는지 알 수 있다.

딸이 머무르던 수녀원은 크지 않았다. 닫힌 문 뒤로 언덕과 농장 등이 연결되어 있기는 하겠지만, 작은 공간이 한 소녀의 유일한 우주였다고 생각하니 안타까운 마음이 들었다. 작은 정원에 놓인 화분만 한참 바라보다 뒤돌아 언덕을 내려왔다.

갈릴레이의 아르체트리 집을 지나 다시 언덕길을 내려오다 보면 아르체트리 천문대Osservatorio Astrofisico di Arcetri를 지나친다. 둥근 돔 때문에 눈에 잘 띄는데, 갈릴레이의 관측과는 아무런 관계가 없는 비교적 현대의 건축물이다. 이탈리아 국립천체물리연구소INAF: Istituto Nazionale di Astrofisica 산하의 천문 관측소로, 피렌체 대학 천문학과와 협동 연구를 진행하는 정부 지원 연구 기관이다. 일반인을 대상으로 한 천체 관측 프로그램도 있어서 관측 시간과 입장 방법을 미리 확인했더라면 갈릴레이의 이름을 딴 망원경으로 밤하늘을 볼 수 있었을지 모른다.

갈릴레이의 집에 있던 기구는 갈로 저택에서 소장하다가 일부는 천문대로 옮겨졌다. 이 천문대가 소유했던 갈릴레이의 유물 일부와 천문학 장비는 대부분 갈릴레오 박물관에 기증되었고, 오래된 망원경, 망원경 렌즈, 추시계 등은 여전히 이곳에 남아 관람할 수 있다.

2014년 아르체트리 천문대가 뉴스에 크게 오르내린 적이 있는데, 지구로부터 70억 광년 떨어진 우주에서 발견된 초거대 은하단 때문이었다. NASA가 소유한 찬드라 엑스선망원경과 유럽우주기구(ESA)의 XMM 뉴턴망원경이 공동으로 이 은하단을 찾아냈는데, 아르체트리 천문대에 소속된 연구원이 이 프로젝트의 팀원이었고 연구 결과를 토론하는 모임이 아르체트리 천문대에서 열렸다고 한다.

▪ 조이엘로 은하단. 두 망원경의 시그널을 합성한 사진(NASA).

태양 질량의 400조 배가 넘는 이 은하 집단은 XDCP J0044.0-2033으로 명명되었지만, 사실 이 성단은 복잡한 공식 명칭보다 '조이엘로'라는 별명으로 널리 알려져 있다. 새로 발견된 은하단이 다채로운 색을 띠며 보석같이 빛나기도 했지만, 참석자들은 천문대 바로 인근에 갈릴레이가 마지막 생을 보냈던 갈릴레이의 집을 떠올렸는지, 학자들은 이 이름을 택했다. 지구에서 멀리 떨어져 있지만 아직 젊은 이 은하단은 우주의 생성과 초기 우주에 대한 정보를 제공할 것으로 기대된다.

갈릴레오 갈릴레이 이론물리학 연구소GGI: Galileo Galilei Institute for Theoretical Physics 건물도 이 천문대의 일부이므로, 천문학에 관심이 있다면 피렌체 대학에서 주관하는 입자 물리학 분야의 워크숍이나 세미나 등의 행사도 가볼 만하다.

7장

르네상스의 기록과 과학 혁명

1
너무 앞선 르네상스인

제자 멜치와 책 출간의 꿈

1507년, 다빈치는 14세의 소년 프란체스코 멜치^{Francesco Melzi}와 만났다. 그리고 멜치는 가장 의지하고 사랑했던 제자이며 동반자이자 후견인이 되었다. 귀족의 자제였던 멜치는 일생을 다빈치와 함께한 제자이자 아들 같은 존재였다. 말썽쟁이 제자 살라이^{Salai}와 여러모로 다른 멜치에게 다빈치는 그림을 가르쳤다. 무엇보다 자신의 방대한 노트를 정리하고 분류하는 일과 유언장 집행을 부탁했으니, 그가 멜치를 얼마나 믿고 의지했는지 쉽게 알 수 있다.

다빈치는 자신의 생각을 잘 정리해서 책으로 출간하고 싶어 했다. 이런 스승의 뜻을 이해한 유일한 제자가 멜치였다. 그는 밀라노에 머물 때부터 다빈치를 도와 노트를 정리했고 스승의 말을 받아적었으며, 그를 대신해 편지도 쓰고 그림도 그렸다. 그의 글씨체는 아름다웠고 그림도 꽤 잘 그렸다고 하는데, 멜치가 그린 다빈치의 초상이나

〈레다와 백조〉는 다빈치의 모습이나 사라진 작품을 연구하는 데 큰 도움이 되었다고 한다. 다빈치의 사후에는 회화와 관련된 내용을 묶어 〈코덱스 우르비나스Codex Urbinas〉를 만들어 남겼다. 후대에 이 코덱스와 여러 편집본이 '회화론'이라는 이름으로 출간되기도 했다. 그런데 스승의 모든 생각을 이해하고 책으로 정리할 수 있을 만큼 학문적 역량을 갖추지는 못해서 정식 책으로 보기엔 부족한 면이 많다. 유산으로 남긴 노트의 많은 분량이 소실되었고, 대부분은 후세에 묶인 코덱스나 낱장의 노트로만 남아 있다.

밀라노 궁전에서 벌어지는 토론에서도 인기가 많았던 다빈치는 박식한 예술가로 추대받았다. 그 덕에 유명한 수학자 루카 파치올리의 《신성 비례》에 설명을 돕는 60여 개의 삽화를 그려주었는데, 이때 처음으로 자신의 그림이 출간되어 나온 기쁨을 맛보았을 것이다. 몇 차례 책 출간의 기회가 있었고 그도 의욕적으로 작업에 참여했지만, 안타깝게도 자신만의 책을 출간하지 못한 채 생을 마감했다.

사실, 당시 학자들의 찬사에도 불구하고 다빈치가 책을 출간하지 못한 데는 여러 이유가 있다. 첫째, 관심사가 다양해지면서 다빈치가 너무도 많은 노트를 남겼기 때문이다. 자료가 너무 많아서 멜치 혼자서 분류하고 책으로 엮기에는 시간뿐 아니라 전문성이 부족했을 것이다. 둘째, 다빈치가 일정한 규격이나 재질로 통일된 노트가 아니라 아무 종이나 사용한 탓에 선후나 연결점이 모호해서 일목요연하게 책으로 정리하고 분류하기가 쉽지 않았다. 셋째, 다빈치가 이사할 때마다 잃어버린 자료가 많았고, 찬찬히 분류하여 정리할 만한 시간적, 공간적 여건도 충분하지 않았다. 넷째, 관심사가 넓어 각 분야에서 경험하고 학습한 결과를 바탕으로 성숙한 이론이나 지식으로 만들기까지 독

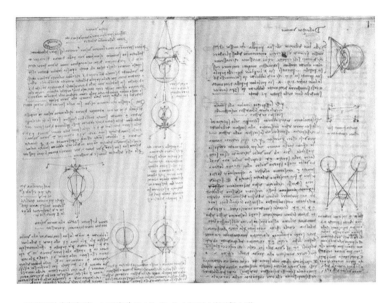

■ 다빈치의 〈파리 매뉴스크립트〉 D, folio 3v & 4r(프랑스 학사원 소장).

학의 시간이 너무 길고 방대했다. 다섯째, 문맹이었기에 혼자 읽고 학자를 만나 질문하고 듣는 방식으로 학습이 이뤄져서 체계를 갖추기가 어려웠다. 알아보기 힘든 레오나르도의 글씨체와 글 쓰는 방식이 노트 분석에 장애가 되었고, 글의 구도나 체계가 잘 잡혀 있지 않아 편집하기도 힘들었다. 물론, 근본적으로 책을 쓰겠다는 생각에서 쓴 노트가 아니었고, 다빈치의 전문성이 부족한 점도 간과할 수는 없다.

최근에는 그의 그림만큼 노트의 글이나 그림에 관심을 가지고 연구하는 학자가 많다. 다빈치는 페이지를 따로 표시하지 않았고 이미 쓴 노트에 주석을 달거나 빈 여백을 사용하기도 해서 정확한 노트 필기 일정을 추정하기는 쉽지 않지만, 관심사를 기준으로 하면 대략 언제 작성된 노트인지 추정이 가능하다.

주로 과학계에서 관심을 갖는 내용은 노년의 다빈치가 여기저기 옮

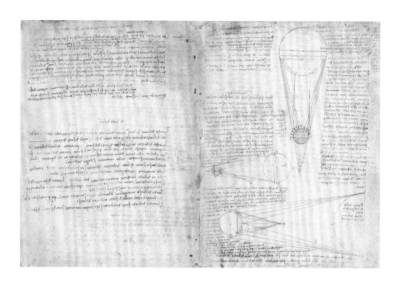

• 다빈치의 〈파리 매뉴스크립트〉 F, folio 18v & 19r(프랑스 학사원 소장)

겨 다니던 시기에 작성됐다. 파리의 프랑스 학사원에 보관되어 있는 〈파리 매뉴스크립트 F〉와 〈파리 매뉴스크립트 D〉는 물, 빛, 그림자 등 자연을 주제로 한 내용이다. 대영도서관British Library에 있는 〈코덱스 아룬델〉에는 기계나 기하학에 관한 글과 그림이 가득한데, 아룬델 경이 스페인에서 구입한 후 왕립학회에 기증한 자료다. 빌 게이츠가 소유한 〈코덱스 레스터〉는 우주, 지구, 기계, 화석, 달 등의 과학 분야를 다룬 노트이며, 새와 비행체를 연구한 노트는 토리노 왕립 도서관에서 소장하고 있다.

산타 크로체 성당과 생 플로랑탱 교회: 다빈치는 어디에

다빈치가 하고 싶은 연구를 계속하며 밀라노에서 노년을 마무리했더라면 어땠을까? 후원자가 필요했던 노년의 다빈치는 복잡한 정세에 휩쓸려 밀라노에서 로마로 향했지만, 그림에는 관심이 없었고 나이도 많아서 다빈치가 할 수 있는 일은 많지 않았다. 더구나 화석과 지층, 빛, 인체, 천문학과 수학에 관심이 더 많았던 다빈치는 이미 예술가의 범주를 벗어나 있었다. 이런 그를 온전히 인정하고 손을 내밀어준 사람이 교황도, 메디치도 아닌 프랑스 국왕이었다는 사실은 참 아이러니하다.

왕의 적극적인 후원 아래 철학적 사고와 자문, 연회를 담당했던 다빈치는 왕의 스승이자 공연 기획자로 바삐 지내느라 연구나 작품에는 시간을 쓸 수 없었다. 그러나 후원자를 찾아 옮겨 다닐 필요는 없었으니 만족하지 않았을까?

당시 다빈치의 관심은 수학적 계산 혹은 증명이었던 것으로 보인다. 그가 프랑스에서 남긴 노트의 마지막 페이지에는 유클리드의 기하학, 특히 직각삼각형의 면적을 일정하게 만들어줄 양변의 길이 조건을 찾는 문제를 시각화하여 기하학적으로 풀어보려고 고민한 흔적이 남아 있다. 유클리드의 비례 문제를 연구하려 했던 갈릴레이의 마지막 모습과 여러모로 닮았다. 수학을 도구로 사용했던 학자 갈릴레이와 뛰어난 추론과 논리적 사고에도 불구하고 항상 수학이 장벽이었던 다빈치의 마지막이 겹쳐 많은 생각이 든다. 갈릴레이가 수학이 우주의 비밀을 읽는 언어라고 했는데, 다빈치도 이를 인식하고 있었던 것일까? 다빈치의 수학 노트에 대한 연구가 체계적으로 이루어져서 추론과 유추 등의 접근법과 시각화 과정으로 얻은 그의 수학적 지식이 어느 정도 수준이었는지 밝혀지길 바란다.

이탈리아에서 태어나고 자랐지만 생애의 마지막을 프랑스에서 보낸 덕에 프랑스에서도 다빈치를 만날 수 있다. 루브르 박물관에 소장된 회화 작품은 말할 것도 없고 앙부아즈에 그의 무덤이 있으니, 이곳에 와야 다빈치를 만날 수 있다고도 할 수 있다. 간혹 피렌체의 산타 크로체 성당에서 다빈치의 묘비를 보았다는 여행기나 소개 책자를 볼 수 있는데, 산타 크로체 성당에 있는 것은 다빈치 사후 400년을 기리는 기념비다. 1919년 5월 2일, 다빈치가 사망한 지 400년이 되는 것을 기념하며 피렌체시가 만든 것인데, 성당에 있는 다른 인물들의 화려한 묘비에 비하면 단출하고 작아 눈에 잘 띄지 않는다. 고향에서 늦게나마 생색을 낸 것치고는 초라해 보이지만, 이 또한 다빈치다운 이력이 아닐까 싶다. 그림을 미완인 채로 남겼다 해도 충분히 가치를 인정받고 있으니, 거대한 묘지와 비석 따위가 다빈치에게 뭐 그리 중요할까!

미켈란젤로의 화려한 묘비에 비해 지나치게 작은 이 기념패는 비어 있는 단테의 가묘와 묘하게 닮은 구석이 있다. 단테는 피렌체를 상징하는 시인이지만 고향 땅이 아닌 라벤나에 묻혔고, 다빈치는 피렌체 출신의 예술가이지만 프랑스에서 생을 마감한 것은 르네상스의 명암이 아닐까 싶다. 거장들의 무대였던 피렌체 르네상스는 다빈치를 키웠지만, 메디치는 그를 예술가라는 틀에 맞추고 싶어 했다. 그 틀을 화려하게 채운 미켈란젤로가 산타 크로체의 주역이 된 것을 보면, 피렌체의 요구는 분명 다빈치에게 맞지 않았다. 자유로운 영혼 다빈치가 스스로 학습하고 매력을 뿜어낼 수 있었던 것은 여러 문화가 섞이고 개방적이었던 밀라노 르네상스의 덕이 크다. 국내외의 정세 때문에 다빈치가 밀라노에 정착하지 못했던 것이 못내 아쉽다.

그런데 앙부아즈의 생 플로랑탱 교회에 있다는 유해도 다빈치인지는 명확하지 않다. 프랑스혁명기에 교회가 복구할 수 없을 정도로 크게 파손되어 철거되었고, 그때 다빈치의 묘지도 함께 없어졌던 것이다. 현재 묘지는 후대에 만든 것으로, 교회가 철거된 후 교회에서 일하던 정원사 한 사람이 교회 터에서 발견된 뼈를 모아서 정원에 묻었다고 한다. 다빈치의 추종자였던 프랑스 시인 아젠느 우세^{Arsene Houssaye}가 정원에서 찾아낸 유골을 다빈치라고 주장하면서 1863년에 앙부아즈 성내의 생 위베르^{Chapelle Saint-Hubert}에 옮겨 묻고 묘비를 세운 것이다. 프랑스어와 이탈리아어로 다빈치의 탄생과 죽음, 프랑스까지의 여정을 기록한 두 개의 묘비명이 있지만, 이를 다빈치의 유골이라고 주장할 결정적 증거는 없다. 세상에 온 모습 그대로 아무런 흔적 없이 생을 마감한 다빈치. 죽음마저도 그답다.

다만 그가 생애에 걸쳐 남긴 수많은 노트와 작품은 시대를 앞선 천재적 르네상스인의 탐구와 열정적인 삶의 흔적을 고스란히 보여준다. '창의 융합형 인재상'의 모델로 그를 끊임없이 거론하는 이유도 스스로 깨우치고 개척한 르네상스인의 전형이라서가 아닐까.

2
과학 혁명의 서문,《새로운 두 과학》

제자 비비아니와 마지막 저서 《새로운 두 과학》

갈릴레이는 죽기 전에 물리학의 기원이라 불리는 책을 마무리했다. 재판 후 로마에서 시에나를 거쳐 집으로 돌아온 갈릴레이는 악화된 건강과 딸을 잃은 슬픔으로 몸을 추스르기도 힘든 상태였다. 하지만 그를 격려하고 후원하는 많은 사람의 노력으로 책을 쓸 용기를 얻었고, 이 저술 작업은 다시금 삶의 희망을 주었다.

그를 지지하고 후원하는 제자들의 도움으로 연구 결과를 모으고 전력을 다해 글을 써 1637년에 집필을 끝냈다. 출판업자를 찾느라 시간이 걸리긴 했지만, 루도비코 엘제비로^{Ludovico Elzeviro}의 도움으로 네덜란드 라이덴 출판사를 소개받았다. 덕분에 1638년 3월, 그의 마지막 저서《새로운 두 과학》은 무사히 세상에 나왔다. 교황청이 또 금서로 지정할까 봐 순식간에 유럽 전역에서 팔려나가는 바람에 정작 저자인 갈릴레이도 책을 한 권만 받았다고 하니, 그 인기가 어느 정도였는지 쉽게 이해할 수 있다.

그러나 책이 갈릴레이에게 도착했을 때 이미 시력을 완전히 잃어 읽을 수도 없는 상태였다. 그런 갈릴레이가 연구를 지속할 수 있도록 곁을 지키고 도운 제자가 바로 젊고 영리한 수학자 빈첸초 비비아니Vincenzo Viviani이다. 그는 갈릴레이의 말을 받아쓰고 실험하며 수학과 자연철학을 배웠고, 다른 제자들과 지적 교류를 나누며 주어진 임무를 이행했다. 훗날 갈릴레

▪ 갈릴레오 박물관에 전시된 비비아니 부조.

이를 지원한 대공의 수학자로 일하지만, 무엇보다 스승의 유언을 집행하며 유산을 관리하는 데 최선을 다했다.

갈릴레이는 생을 마감하는 마지막 순간까지 유클리드의 비례를 깊이 고찰했고, 《새로운 두 과학》의 5일째 이야기를 새롭게 쓸 계획도 세웠다. 하지만 나이를 이길 수는 없었다. 1642년 1월 8일 추운 겨울 저녁, 아르체트리 집에 모인 아들 빈첸초와 제자들은 위대한 학자, 갈릴레이의 죽음을 지켜보았다.

노년에 집 밖으로는 한 발짝도 나설 수 없었고 눈이 멀어 망원경으로 하늘을 볼 수도 없었지만, 그가 세상에 남기고 간 책은 자연과 세상을 이해하는 기틀이 되었다. 뉴턴의 말처럼 거인이 세상을 떠난 것이다. 갈릴레이가 세상을 떠난 4일 후에 뉴턴이 태어났고, 300년 지난 후 스티븐 호킹이 세상에 왔다. 끼워 맞춘 해석일지 모르지만, 후대의 두 과학자는 그 날짜를 가슴에 품고 살았다고 한다.

갈릴레이는 산타 크로체 성당 내의 예배당에 묻히기를 원했지만,

■ 산타 크로체 성당 내부에
자리 잡은 갈릴레이의 묘지.

죄인이었기에 산타 크로체에 제대로 안치되기까지는 꽤 오랜 시간이
걸렸다. 그가 사망했던 당시에는 화려한 묘지를 꾸미며 기리거나 기념
관을 세워 존경을 표하는 것도 금지되었고, 그의 명예를 회복시키자
고 목소리를 높이는 사람도 많지 않았다.

그런데도 제자 비비아니는 스승의 업적을 알리고 기념하는 것을 사
명으로 여기고, 언제든 스승의 묘지를 멋지게 꾸밀 수 있게끔 만반의
준비를 해두었다. 미켈란젤로가 죽은 날 갈릴레이가 태어났으니 미켈
란젤로의 재능을 이어받아 천재적 수학자가 되었다는 의미로, 미켈란
젤로의 묘 맞은편에 갈릴레이의 묘를 꾸미려고 데스마스크까지 떠놓
았을 정도였다. 비비아니는 피렌체 대공까지 설득했지만, 교황의 반

▪ 비비아니 집 정면 파사드에 쓰여 있는 갈릴레이의 업적.

대로 스승을 위해 아무것도 할 수 없었다. 궁여지책으로 갈릴레이의 유골을 성당의 종탑 아래 묻고 유실되거나 잊혀지지 않도록 표시한 후, 세상을 떠났다.

1693년에는 비비아니가 집 정문을 스승 갈릴레이의 업적을 알리는 비문으로 장식해버렸다. 집 정면 파사드가 일종의 광고판이었던 셈이다. 그래서 비비아니 소유의 저택 '팔라초 데이 카르텔로니Palazzo dei Cartelloni'는 '옥외 게시판 저택'이라고 불리기도 했다. 현재 이 건물은 국제 스튜디오 아트 대학Studio Art College International (SACI) of Florence 건물로 사용 중인데, 비비아니가 스승을 얼마나 예우했는지 느껴진다. 비비아니는 갈릴레이의 유물과 시신을 잘 관리해달라는 당부를 유언으로 남

■ 티토 레시,〈갈릴레이와 비비아니〉(갈릴레오 박물관 소장).

기고, 이를 위해 그의 전 재산과 갈릴레이의 유물이 가득한 집을 후손
에게 맡겼다.

　피렌체에 자리 잡은 갈릴레오 박물관에는 갈릴레이가 가장 어렵고
힘든 시기에도 끝까지 그를 격려하고 도왔던 제자 비비아니와 갈릴레
이를 그린 티토 레시^{Tito Lessi}의 그림과 비비아니의 옆얼굴 부조가 전시
되어 있다. 갈릴레이의 방을 차지한 큰 지구본과 혼천의 같은 신기한
기구도 눈에 띄었지만, 스승의 말을 놓치지 않으려 책상에 바짝 몸을
붙여 경청하고 있는 비비아니와 꿈을 꾸듯 생각을 쏟아내고 있는 갈
릴레이가 살아 있는 듯 생생했다.

갈릴레오 박물관: 갈릴레이를 추모하다

아르노 강변의 카스텔라니궁^{Palazzo Castellani}은 우피치궁과 인접해 있으며, 현재 박물관으로 사용되고 있다. 메디치 일가의 수많은 소장품 중에서도 천문, 해양, 지리, 수학, 과학 분야의 유물만 따로 모아 전시하는 곳이다. 1930년, 초기에는 피렌체 과학사 박물관^{Meseo di Storia della Scienza}으로 운영되다가 2010년부터 갈릴레오 박물관^{Museo Galileo}으로 재단장했다. 이름에서 짐작할 수 있듯 새로 단장한 박물관은 '갈릴레오 전시실'을 따로 마련하고, 메디치 가문이나 피렌체 시의 소장품 등 역사적 의미가 있는 전시품도 관람할 수 있는 아담한 박물관이다. 메디치 가문이 몰락한 후 피렌체를 통치한 합스브루크로레인 왕조 기간에 수집된 소장품 중에서도 과학사적으로 의미가 있는 것들도 꽤 있다.

건물 입구에는 리지퍼가 장식된 청동 기둥이 있어 박물관을 찾기가 어렵지 않다. 리지퍼는 머리는 도마뱀이고 꼬리는 뱀 머리가 달린 상상의 동물로, 꼬리가 기둥에 그린 그림자가 과학적으로 설계된 시계의 바늘 역할을 한다. 그리고 이 거대한 청동 기둥의 꼭대기에 달린 유리구가 광장에 드리우는 그림자 역시 계절과 시간을 일러준다. 말하자면 이 거대한 청동 기둥은 현대식 오벨리스크, 즉 현대 버전의 해시계인 셈이다. 두 판을 이어 붙인 청동 기둥은 태양의 남중 자오선을 따라 배치했고, 북쪽을 바라보고 있는 뒷판은 북극성을 가리키도록 설계해 갈릴레이를 기리는 박물관다운 장식이다.

박물관의 2층은 가운데 계단을 두고 정사각형의 변을 따라 '천문학과 시간', '세계와 지리', '항해', '전쟁', '갈릴레이', '실험', '갈릴레이 이후'라는 테마별로 각 전시 구역을 나누어놓았다.

■ 카를로 마르첼리니의 갈릴레이 흉상(갈릴레오 박물관 소장).

갈릴레이의 유품이 있는 전시실의 한가운데에는 카를로 마르첼리니Carlo Marcellini가 조각한 대리석 흉상이 세워져 있다. 망원경을 꼭 쥔 석상 뒤로는 갈릴레이의 손가락뼈와 치아가 유리 상자에 전시되어 있어 관람객을 불러모은다. 산타 크로체의 종탑 아래에 있던 석관을 성당 내부로 옮길 때 안톤 프란체스코 고리가 갈릴레이의 왼손 손가락뼈 한 점을, 조반니 빈첸초 카포니 신부가 오른손 집게손가락과 엄지손가락 뼈와 치아를 몰래 가져갔고, 의사였던 안토니오 코치Antonio Cocchi가 척추뼈 하나를 챙겼다고 한다. 그 후 다시 200여 년이 넘는 시간이 흐르며 오른쪽 손가락 두 개와 치아는 사라졌고, 왼쪽 가운데 손가락은 메디치 가문의 소장품이 되어 산 로렌초 성의 라우렌치아나 도서관the Biblioteca Laurenziana에 보관되어 있었다. 지금의 라 스페콜라 박물관

- ▪ 18세기 우피치궁의 모습을 보여주는 요한 조파니Johann Zoffany의 〈우피치의 트리뷰나〉(영국 왕실 소장).

Museo La Specola이 물리 자연사 박물관Museo di Fisica e Storia Naturale으로 재단장한 1841년에는 이 손가락뼈가 도서관에서 박물관으로 옮겨졌다. 드디어 갈릴레이의 유골이 메디치 소장품이란 타이틀을 떼고 과학 박물관에 자리 잡은 것이다. 당시 박물관 1층에는 '갈릴레이 트리뷰나 Tribuna di Galileo'라고 불린 특별 전시실이 있었고, 이곳에 갈릴레이의 왼손가락뼈와 카를로 마르첼르니의 흉상이 함께 전시되었다고 한다.

"갈릴레이가 망원경을 볼 때 사용한 세 손가락"이라고 홍보되는 이 뼛조각들은 인기 있는 전시물이며, 척추뼈는 파도바 대학에 기증되어 현재 파도바대학의 과학교수관에 전시되어 있다.

갈릴레이의 유골 말고도 이 전시실은 갈릴레이가 제작해서 사용했던 망원경과 직접 연마해서 배율을 높인 대물렌즈, 컴퍼스를 볼 수 있

▪ 갈릴레이가 실험에 사용한 경사면 운동 측정 장치 모형.

는 곳이다. 직접 만든 것은 아니지만 물체의 운동에 관한 연구를 어떻게 진행했는지 알 수 있는 장치도 전시되어 있어 갈릴레이의《새로운 두 과학》이 어떻게 쓰였는지 알 만하다. 전시된 망원경은 각각 20배율과 14배율 정도라 요즘 나오는 망원경에 비하면 무척 단순하지만, 흑점 관측이 가능한 장치helioscope와 목성의 위성 간 거리를 측정하기 위해 붙였던 눈금자microscope 등도 있어 꽤 신경 써서 만든 장치였음을 알 수 있다. 지금은 색이 바랬지만, 원래는 다양한 색감의 가죽을 두르고 금으로 무늬를 새겨놓아서 꽤 멋있었을 것이다.

망원경 아래 있는 프레임은 망원경 받침대가 아니라 갈릴레오가 열심히 연마해 배율을 높인 렌즈를 보관했던 틀이다. 1610년에《별의 소식》을 출간하며 자신이 아끼던 렌즈를 코시모 2세 대공에게 헌납했는데, 메디치 가문에서 이 렌즈를 장인 비토리오 크로스텐이 장식

■ 갈릴레이가 실험에 사용한 나선 경사면 운동 측정 장치 모형.

한 흑단 틀에 넣고 우피치 미술관에 보관해왔다. 또한 우피치 미술관의 중앙이라 불리는 트리뷰나 홀에 갈릴레오의 초상화를 걸어두었으니, 비록 종신형을 받은 죄인이지만 메디치의 대표 학자를 피렌체가 어떻게 대우했는지 그 위상을 알 수 있다.

　박물관에서 가장 흥미롭게 보았던 장치가 물체의 운동을 시간과 거리를 변수로 계측하는 운동 측정 장치였다. 갈릴레이는 경사면, 포물선면, 나선면 등에 쇠공을 굴려 속도, 시간, 거리의 관계를 추론하는 실험을 직접 진행했고 《새로운 두 과학》에서 그 결과를 설명했다. 박물관에 전시된 실험 기구는 갈릴레이가 직접 사용한 것은 아니지만, 어떤 실험으로 속도와 가속도의 개념을 얻어냈을지 짐작할 수 있다.

　갈릴레이는 경사면에 쇠 공을 굴려서 쇠 공이 지나는 거리와 시간을 측정했고, 반복 실험으로 얻은 데이터를 분석해 ⒟가속도 운동의 상관관계를 찾아냈다. 거리는 자를 이용해 측정했고, 자신의 맥박을 이용하거나 물을 일정하게 흘려보내 그 양으로 시간을 가늠했으며, 추가 지나가며 종을 치면 시간을 쟀다고 한다. 갈릴레이가 바꿔놓은 과학적 사고와 실험 방법 그리고 물리학의 새로운 개념을 보면 뉴턴의 《프린키피아》 이전에 《새로운 두 과학》이 있었음을 확인할 수 있다.

피렌체의 산타 크로체 성당: 갈릴레이를 만나다

산타 크로체 성당은 아시시의 성인 프란체스코를 따르는 프란체스코회, 즉 가난한 형제회의 대표적인 성당이다. 원래 이 교회의 터는 프란체스코 성인이 강변에 정착한 후 세웠을 것으로 추정되는 작은 기도원이 있던 자리였다. 성인의 뜻을 기려 기도원을 큰 교회로 만들었는데, 1294년에 공사를 시작하여 산타마리아 델 피오레 성당을 설계한 아르놀포 디 캄비오가 기초를 잡고 많은 건축가와 예술가들이 참여하여 1442년에 완공했다. 조토, 브루넬레스키 등 두오모 공사의 주역들도 이 작업에 참여하여 프란체스코회의 교회답게 소박하면서도 경건하게 만들려 애썼다고 한다.

성당 앞의 넓은 광장에서 바라보는 정면이 밝은 대리석으로 장식되어 산뜻한 느낌을 주지만, 원래는 소박하고 투박한 벽돌 마감 그대로여서 지금과는 전혀 다른 느낌이었다. 지금의 외양은 1857년에 만들어진 것이고, 교회의 종탑은 1513년에 벼락을 맞아 파손되었던 것을 보수해놓은 것이다. 종탑을 재건하기 훨씬 전인 1737년에 종탑 아래에 묻혀 있던 갈릴레이의 석관을 교회 내부로 옮겼으니 이전의 흔적은 없을 것이다. 그래도 갈릴레이가 100여 년을 머문 곳이라 그런지 종탑과 그 아래 공간에 눈길이 머문다. 다른 르네상스 건축물과 비교

■ 유명인의 무덤과 묘비로 가득한 산타 크로체 성당 내부.

하면 단순하고 차분한 느낌이다.

　사실 산타 크로체는 공동묘지로 더 유명하다. 유명한 성현들의 이름이 보이는 성당의 벽뿐 아니라 바닥과 지하 곳곳에 많은 시신이 묻혀 있다. 무섭다기보다는 경건함이 느껴진다. 묘비 장식에 빠지지 않았던 여러 가문의 문장 모양도 흥미롭고, 대리석상이나 벽면을 장식한 그림도 유명한 작품이 많다. 갈릴레이도 산타 크로체에 묻히고 싶다고 한 걸 보면 오래전부터 피렌체의 유명인이나 권세가가 주로 묻힌 듯한데, 270개가 넘는 석관이 교회 내부에 있다니 놀랍다. 미켈란젤로, 마키아벨리, 단테, 로시니, 카노바, 알베르티, 갈릴레이 등 피렌체가 자랑하는 인물의 이름을 찾아볼 수 있다. 많은 묘비 중 미켈란젤로와 갈릴레이의 묘가 가장 화려하다고 느껴지는데, 비비아니의 수고가 빛을 발한 것 같았다. 개인적으로 미켈란젤로의 맞은편 자리는 다빈치를 위해 남겨두었어야 한다고 생각하지만, 그의 둥지는 산타 크로체로 충분하지 않다고 생각하면 조금은 위안이 되었다.

사실 갈릴레이가 이곳에 묻히는 것도 쉽지가 않아서, 비비아니가 유언을 남기고도 100년 정도가 흐른 후에야 이야기를 꺼낼 수 있었다고 한다. 자세한 내막은 알 수 없지만, 비비아니의 유언을 지키려고 노력했던 후견인들 덕분에 갈릴레이의 시신은 종탑 아래의 작은 공간을 벗어나 화려한 이름표를 달고 성당 내부로 들어갈 수 있었다.

상원의원이었던 조반니 바티스타 클레멘데 데 넬리는 비비아니의 유산에 자신의 사재를 더해서 기념비와 흉상으로 석관을 장식하고 조각상을 세웠으며 묘비명을 새겨 멋지게 꾸며놓았다. 오른손으로는 망원경을 쥐고, 왼손은 지구본에 얹은 채 하늘을 우러러보는 갈릴레이의 조각상은 여러모로 눈길이 간다. 석관에는 천구의 궤도 장식, 기하학과 천문학을 상징하는 두 여신상 등을 장식해놓았으니, 누구도 부정할 수 없는 피렌체의 상징이 되었다.

교황청의 입장에서 갈릴레이는 중죄인이지만, 피렌체의 유명한 자연철학자이며 수학자로서 늘 시민의 마음속에 자랑으로 자리 잡고 있었던 것 같다. 이를 증명하듯 묘지를 옮기는 작업이 거행된 1737년 3월 12일의 저녁에는 갈릴레이의 묘가 성당 내부에 안치되는 것을 보기 위해 많은 시민이 몰려와 예를 갖추었다고 한다. 기존의 묘를 헐고 유골을 현재의 석관으로 옮겨 정중하게 장례를 치렀으니, 늦었지만 자신들의 궁전 수학자를 그의 명성에 걸맞은 자리로 데려온 것이다. 이탈리아 최고의 학자를 기리는 시민들의 마음이 묘비명에 잘 담겨 있다.

■ 산타 크로체 정문에 자리 잡은 갈릴레이의 무덤(왼쪽)과 마키아벨리 무덤(오른쪽).

GALILAEVS GALILEVS PATRIC. FLOR.

GEOMETRIAE ASTRONOMIAE PHILOSOPHIAE MAXIMVS RESTITVTOR

NVLLI AETATIS SVAE COMPARANDVS HIC BENE QVIESCAT

VIX.A.LXXVIII.OBIIT.A.CIC..IC.C.XXXXI.

(당대의 어느 누구와도 비교할 수 없는 위대한 수학자이며, 천문학자, 철학자 인 피렌체 귀족 갈릴레오 갈릴레이는 78년을 살았고 1642년에 사망하였다.)

갈릴레이의 묘를 이장하는 과정 중에 이상한 일이 많이 일어났다. 우선 현재 갈릴레오 박물관에 있는 유골의 일부가 이때 유출되었다. 또한 갈릴레이의 임시 묘가 있는 작은 공간을 부수었을 때 두 개의 벽돌 방이 발견되었다. 두 개의 관이 있다는 이야기인데, 그것도 모자라 한 관에는 두 명의 유골이 있어 총 세 구의 유골이 발견되면서 당시 사람들을 놀라게 했다. 벽돌 벽 너머 깊숙한 쪽에 있던 것이 갈릴레이의 관이고, 입구 쪽 가까이에 있던 관은 제자 비비아니의 것이었다. 갈릴레이의 뒤를 이어 피렌체 대표 수학자 지위에 올랐던 비비아니는 성당의 좋은 자리에 묻혀 후대의 존경을 받을 수 있었을 텐데, 이름 없는 묘로 스승 갈릴레이와 함께 작은 공간에 있었던 것이다. 유골을 발굴하던 날 밤, 피렌체 시민들은 비비아니의 관을 먼저 꺼내 성당 내부에 잘 안치하고 정중하게 예식을 치러주었다고 한다.

기록에 따르면, 새로 마련한 대리석 관에 유골을 안치하기 위해 낡은 석관을 해체했을 때 두 개의 나무관이 발견되었다. 하나는 치아가 4개 정도만 남아 있는 노인 남성의 유골이었고, 다른 쪽에는 치아가 하나도 남아 있지 않은 젊은 여성의 유골이었다고 한다. 아마도 갈릴레이와 큰딸의 것으로 보인다. 정확한 상황은 알 수 없지만, 딸을 먼저 보낸 아픔을 간직하고 있던 아버지의 마음을 헤아리고 두 유골을 함께 둔 것이 아닐까 싶다.

긴 여정 끝에 만난 갈릴레이는 교과서에서 본 것보다 다채로운 면이 많은 인물이었고, 생각보다 더 위대한 과학자였다. 그의 궤적을 따라가보니, 대표적 르네상스인이었던 갈릴레이의 삶에서 체화된 과학적 사고와 객관성이 과학 혁명의 근간이 되었음을 확인할 수 있었다. 그래서 산타 크로체의 화려한 묘비는 근대 과학이 시작되도록 안내했던 거인에게 꼭 맞는 자리라는 생각이 들었다.

아이작 아시모프는 1950년대에 집필한 소설 《파운데이션》에서 우주 제국의 멸망을 역사심리학이라는 수학적 계산으로 예측한다는 상상의 이야기를 풀어놓았다. 수학으로 미래, 즉 인류의 행동과 우주적 현상을 예측하고 대응한다는 것인데, 지금 빅데이터로 인간의 행동을 설명하고 예측하는 것을 보면 아시모프의 상상력이 현실이 될 것 같다, 우주가 수학이라는 언어로 쓰여 있다고 한 갈릴레이의 말을 다시 곱씹게 된다. 현재의 과학자들 역시 거인의 어깨를 빌려 쓰고 있는 모양이다. 우리 시대는 새로운 혁명의 동력이 될 또 다른 르네상스를 준비하고 있는지 묻지 않을 수 없다.

참고문헌

| 책 |

카이 버드/마틴 셔윈, 《아메리칸 프로메테우스: 로버트 오펜하이머 평전》, 사이언스북스, 2010.

유발 하라리, 《사피엔스》, 김영사, 2015.

구자현, 《음악과 과학의 길: 본질적 긴장》, 한국문화사, 2014.

에르빈 파노프스키, 《갈릴레오 갈릴레이와 미술》, 퍼플, 2021.

로스 킹, 《브루넬레스키의 돔》, 도토리하우스, 2021.

조르조 바사리, 《르네상스 미술가 평전 3》, 한길그레이트북스, 2018.

마이클 화이트, 《교회의 적, 과학의 순교자 갈릴레오》, 사이언스북스, 2009.

알렉산드로 마르초 마뇨, 《책공장 베네치아》, 책세상, 2015.

조르다노 브루노, 《무한자와 우주와 세계》, 한길그레이트북스, 2000.

칼 세이건, 《코스모스》, 사이언스북스, 2010.

토머스 쿤, 《코페르니쿠스 혁명》, 지식을 만드는 지식, 2016.

Jerome Bruner, 《The culture of education》, Harvard University Press, 1996

Fabrizio Bigotti & David Taylor, 《The Pulsilogium of Santorio: New Light on Technology and Measurement in Early Modern Medicine》(2017), Soc Politica, 11(2).

Zanatta, A., Zampieri, F., Bonati, M. R., Liessi, G., Barbieri, C., Bolton, S., Basso, C., & Thiene, G., 《New Interpretation of Galileo's Arthritis and Blindness. Advances in Anthropology 5》(2015).

| 도판 |

Leonardo da Vinci: The Models Collection, museum collections(레오나르도 다빈치 국립 과학기술 박물관).

Uffizi Gallery: The Official Guide all of the works, Giunti.

Museo Galileo: A Guide to the Treasures of the Collection, Giunti.

그림 출처 논문

91쪽 오른쪽 그림

파도바 대학 연구팀, 〈갈릴레오의 관절염과 실명을 바라보는 새로운 해석〉, 40쪽 그림 1.

190쪽 아래쪽 그림

David Sherry, (2011), *Thermoscopes, thermometers, and the foundations of measurment*,

  Studies in History and Philosophy of Science, p.510 Fig 1.

근대과학의 문을 연 다빈치와 갈릴레이를 찾아 떠난 이탈리아

르네상스의 두 사람

1판 1쇄 발행 2023년 6월 15일
1판 2쇄 발행 2024년 4월 23일

지은이	박은정
펴낸이	박남주
편집자	박지연·한홍
디자인	책은우주다
펴낸곳	플루토
출판등록	2014년 9월 11일 제2014-61호
주소	07803 서울특별시 강서구 공항대로 237 에이스타워마곡 1204
전화	070-4234-5134
팩스	0303-3441-5134
전자우편	theplutobooker@gmail.com
ISBN	979-11-88569-46-5 03400